U0232477

中国历代花经丛书

"十三五"国家重点图书出版规划项目

普及类古籍整理图书专项资助项目

花木小志

〔清〕谢堃 著

化振红 凌琳 译注

長江出版傳媒 湖北科学技术出版社

总序

古人云：『花者，华也，气之精华也。』花是大自然的精华，是植物发展到高级阶段的产物，是生物界的精灵。

花有广义和狭义之分，广义的花即花卉，统指所有具观赏性的植物，而狭义的花主要说的是其中的观花植物，尤其是作为观赏核心的花朵。古人云："花者，华也，气之精华也。"花是大自然的精华，是植物发展到高级阶段的产物，是生物界的精灵。花是被子植物的生殖器官，是植物与动物对话的一种有效方式，有人曾说，"花的一切都是以诱惑为目的的"，花以鲜艳的色彩、浓郁的香味和精致的形态盛开在植物世界茂密无边的绿色中，引诱着蜜蜂等动物，也吸引着人类的目光。

人类对于花有着本能的喜爱，在世界所有民族的文化中，花总是美丽、青春、事物精华的象征。现代研究表明，花能激发人们积极的情感和其他深层次的心理变化，是人类生活中十分重要的伙伴。围绕着花，各种文化都发展起来，人们培植、欣赏、吟咏、歌唱、图绘、雕刻花卉，歌颂其美好形象，寄托深厚情愫，用以装点我们的生活，发挥积极的社会作用，衍生出五彩缤纷的文化内容。

我国是东亚温带大国，花卉资源极为丰富。我国又是文明古国，历史悠久。传统文化追求"天人合一"，尤其尊重自然，我国人民自古以来就十分喜爱和重视花卉。"望杏敦耕，瞻蒲劝穑""花心柳眼知时节""好将花木占农候"，这是我国农耕社会悠久的传统。对于普通的青春仕女来说，"花开即佳节""看花醉眼不须扶，花下长歌击唾壶”，无疑是人生常有的赏心乐事，由此，花田、花栏、花坛、花园、花市等花景、花事应运而生，展现出无比美好的生活风光。而如“人心爱春见花喜”“花迎喜气皆知笑”的描述一般，花也总是生活幸福美满的象征，梅开五福、红杏呈祥、牡丹富贵、莲花多子、菊花延寿等吉祥寓意不断萌发积淀，承载着广大民众美好的生活理想，逐步形成了中华民族系统而独特的装饰风习和符号“花语”。对于广大文人雅士来说，更重要的是系心寄情，吟怀托性。正如清朝湖南湘潭文人张璨一首打油诗所说，“书画琴棋诗酒花，当年件件不离它”，花与诗歌、琴棋书画一样，都是士大夫精神生活中不可或缺的部分。他们引花为友，尊花为师，以花表德，借花标格，形成了深厚有力的思想传统，产生了难以计数的文艺作品与学术成果，体现着高雅的生活情趣和精神风范。正是我国社会各阶层的热情投入，推动我国花文化事业不断积累和发展，形成了我国花文化氤氲繁盛的历史景象，展现出鲜明生动的民族特色，蕴蓄了博大精深的文化遗产。

在精彩纷呈的传统花卉文化中，花卉园艺专题文献无疑是最值得关注的。根据著名农史学者王毓瑚的《中国农学书录》和王达的《中国明清时期农书总目》统计，我国历代花卉园艺专题文献达300种之多，其中不少作品流传甚广。如：总类通述的有《花九锡》《花经》《花

历》《花佣月令》等，专述一种的有《兰谱》《菊谱》《梅谱》《牡丹谱》等，专录一地的有《洛阳花木记》《扬州芍药谱》《亳州牡丹史》等，专录私家一园的有《魏王花木志》《平泉山居草木记》《倦圃莳植记》等。从具体内容看，既有《汝南圃史》《花镜》之类重在讲述艺植过程的传统农书，又有《全芳备祖》《花史左编》《广群芳谱》之类记载相关艺文、掌故、辞藻的资料汇编，也有《瓶史》《瓶花谱》等反映供养观赏经验的文献著述。此外，还有大量农书、生活百科类著作中的花卉园艺、造作、观赏等专题性质的材料，如明人王象晋《群芳谱》中的“花谱”、明人高濂《遵生八笺》中的“四时花纪”“花竹五谱”、清人李渔《闲情偶寄》中的“种植部”等。以上种种，构成了我国花卉园艺文献的丰富宝藏，包含着花卉资源信息、种植技术、社会风习、欣赏情趣等方面的核心知识和专业经验。

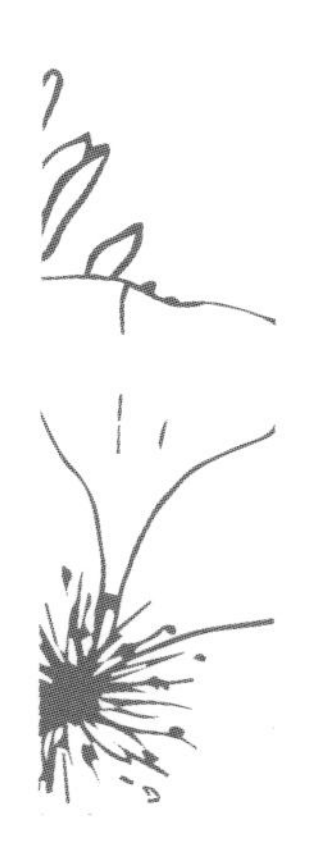

经湖北科学技术出版社策划，我们拟对我国历代花卉园艺文献资料进行全面的汇集整理，并择取一些重要典籍进行重点注解诠释和推介普及。这里推出的《中国历代花经丛书》就是其中的开山趟路之作，侧重于古代花卉专题文献中篇幅相对短小、内容较为实用的10余种文献，编为以下10册。

1.《花佣月令》，明人徐石麒著，以12个月为经，以种植、分栽、下种、过接、扦压、滋培、修整、收藏、防忌等九事为纬，记述各种花木的种植、管理事宜。

2.《花木小志》，清人谢堃著，细致地描述了作者30多年走南闯北过程中亲眼所见的140多种花木，其中不乏各地培育出来的名优品种。

3.《花九锡·花经》，唐人罗虬、五代人张翊著，后附几种相关著述，均为对花卉性格、神韵分门别类、品第高低的系统名录。

4.《花里活》，明人陈诗教著，着重汇集前代文献及当时社会生活中流传甚广的花卉故事。

5.《花历·花小名·十二月花神议·花信平章》，明人程羽文、清人俞樾、清人王廷鼎撰，重在记述花信月令方面的知识和说法。

6.《瓶花谱·瓶史·瓶史月表》，明人张谦德、袁宏道、屠本畯著，集中记述花枝培育、剪切、搭配、装饰的经验及情趣，相当于现在所说的插花艺术指导书。

7.《名花谱》，明人西湖居易主人撰，汇编了90多种名花异木物性、种植、欣赏等方面的经典资料。

8.《倦圃莳植记》，明人曹溶著，列述了40多种重要花卉以及若干竹树、瓜果、蔬菜的种植宜忌、雅俗之事，并对众多花木果蔬进行了品质优劣、情趣雅俗方面的品评，点面结合，由浅入深，比较系统地展示了士大夫阶层私家圃艺活动的内容和情趣。

9.《培花奥诀录·赏花幽趣录》，明人孙知伯著。前

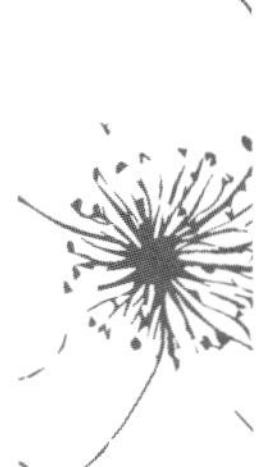

者主要记述庭园花木一年四季的培植技巧，实用性较强；后者主要记录有关花木赏鉴的心得体会。

10.《品芳录》，清人徐寿基著，分门别类地介绍了136种花木的品相特征、种植技巧、制用方法等，兼具观赏和实用价值。

以上合计17种文献，另有少量附录，都是关于花卉品种名目、性质品位、时节月令、种植技法、养护方式、欣赏情趣的日常小知识、小故事和小情趣，有着鲜明的实用价值，无异于一部“花卉实用小丛书”。我们逐一就其文献状况、作者情况、内容特点等进行简要介绍，并对全部原文进行了比较详细的注释及白话翻译，方便广大读者阅读，希望得到广大园艺人士及花卉爱好者的喜爱。

程 杰　化振红

2018年8月

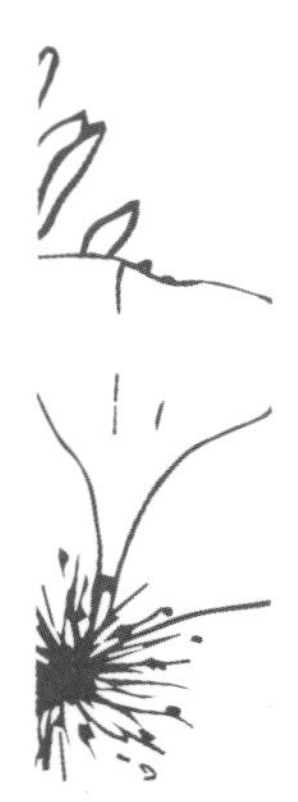

题解

清人谢堃的《花木小志》是一部描述清代中后期花卉品种及其培育技术的佳作。其中的大部分材料来源于作者的亲身体验，对于今天的花木栽培同样具有很高的参考价值。

谢堃（1784—1844），原名谢均，后改名谢堃，字佩禾，今江苏扬州人。他出身于书香世家，出生时家道已经中落。根据清人孔庆镕《重刻春草堂集序》的记述，谢堃自幼酷爱读书，“处境虽苦而诵声不绝”；虽然颇有才华，却“性刚疾恶，雅好直言，浮华之士咸轻而笑之”；从中年开始，终生漂泊于闽、粤、豫、鲁等地，“所与交游多公卿大夫，冠盖往来者三十余年，绝无请托”，各地的住房也大多是临时租来的，除了图书花草之外，几乎家徒四壁。谢堃的诗文作品均见于《春草堂集》，基本情况如下：卷1收录骈文，卷2至卷6收录诗歌，卷7收录词作，卷8至卷12收录诗话，卷13至卷20收录传奇，卷21至卷24为《钱氏图》，卷25为《花木小志》，卷26至卷28为《书画所见录》，卷29至卷30为《金玉琐碎》，卷31至卷34为《雨窗寄所记》，卷35至卷36为《雨窗随笔》，另有辑录友人诗歌的《兰言集》，分为初集、二集。由此可见，谢堃对诗词、书画、花卉、古玩都有浓厚的兴趣，充分地体现了传统文人所推崇的雅士情怀。

《花木小志》收于《春草堂集》卷25，着重记述谢堃在30多年的漂泊生活中，亲自种植和亲眼所见的140多种奇花名木。如自序中所说：“余性嗜花木，虽居陋巷，读书外必借花木以自娱，祁寒酷暑亦未尝以浇灌假它人之手。壮而之四方，凡遇花木稍有所异，必购而携之，其所不能携者，图而记之。”总体上看，这部花木作品的特点和价值，主要体现在以下方面。

首先，本书记载了不少罕见于同时期花木文献的花卉品种，堪称研究清代花卉品种及其栽培技术的珍贵资料。例如，谢堃记述了自己在扬州老家种过的菊花："居扬郡时，所种菊花有三百余种，内有二种尤爱重之。"即使在今天，种植300多个品种的菊花也并非易事。他还描述了自己从广东带到山东的一盆陆地莲："此花出自外洋。挺然一干，非花非叶，瓣攒如斗，其色绀碧。映日则光华焕发，带雾则瑞烟笼罩，真神品也。余得之东粤，携之山左，以彩色方盎置之案头。如高僧晤对，有出尘之表。"陆地莲在当时的其他文献中没有任何记载，可能是清代前期从东南亚一带引进的花卉品种。类似的还有风兰、哈密瓜、佛手、茄瓜、子午莲、大虹桥、娃娃拳、珍珠兰、缠松、洋艾等，其中的大部分是历代花卉文献罕见记载的，另外一部分虽然在其他文献中有过只言片语的记述，这里所说的却是作者亲手培育或亲眼见到的新品种。

其次，本书以第一手材料为主。包括花卉著作在内的古农书，往往喜欢从同类作品中转引大量的二手材料。这是因为传统文人历来轻视农业生产，很少亲自参与生产劳动，就算是他们喜欢的花卉，通常也只是从前人著作中收集、整理一些知识性资料，其中甚至掺杂着不少荒诞不经的成分，由于缺乏实践的验证，其可信度往往会大打折扣。《花木小志》中提到的花卉品种及其种养技术，则直接来自谢堃多年来的花卉栽培实践，整体上显然是相当可信的。这本书即使对于今天的花卉栽培，仍然具有一定的参考意义。

再次，本书包含了许多颇具时代感的材料，在一

定程度上能够折射19世纪中期的时代风貌，是研究当时社会、文化演变脉络的参证材料。例如，谢堃描述了当时的人们对哈密瓜的认识："京师传闻此瓜藤蔓甚劲，双轮碾其上而不见痕迹。花开经月不卸，香闻十里。每一瓜熟，邮递入都，无位者不可得而问焉。"哈密瓜虽然今天早已进入了寻常百姓家中，当时却是高官显贵的特供果品。如果没有达到一定级别，也许连看一眼的机会都没有。谢堃还提到了一个用倭瓜戒掉鸦片烟瘾的民间偏方："花实皆无可纪，然与蚕豆同煮，食之可疗鸦片烟瘾，故纪之。"倭瓜是当时的日常蔬菜，由此可见，1820年前后，鸦片已经渗透到了社会的各个角落，对普通民众造成了极大的危害。读者从中也可以更为深刻地认识到之后那场中英鸦片战争显然是不可避免的。

最后，从修身养性的角度看，《花木小志》中的不少段落体现了传统文人的情操与审美特点。例如，谢堃对夹竹桃的赞美："质粗如碗，枝干婆娑，高出檐际。一花数蕊，百枝齐放，周年不绝，一大观也，回视江南草木，真愧偏耳。"他对木槿花的推崇："余于空园栽数十株，每当花时，呼邻里之匹夫匹妇，即以此事讲说一遍，使其以忠孝为本，竟有听之而发愤者、堕泪者，嚱吁再四者。"他对家常蔬菜的描述："叶碧花黄，香清致逸，真吾儒至味也。余生江左，当莫春时，剪菜花一丛，置牡丹花侧，大有不移不淫之雅。"全书字里行间都蕴含着一个传统知识分子对高尚人格的向往和追求，不少段落生动地体现了作者赏花吟月时的人生感悟。“霜初叶黄，霜重叶赤，故诗人美之曰：霜叶红如二月花。以余观之，尚不若纤月西垂之际，一曲清琴，数声长笛，恐神仙之乐不能过此！”这表明作者在多年寄人篱下的生活中，依然享受着生活的快乐。“其花磊落，其实高下青黄相间，熟则中裂，吐红子数枚。当秋风夕吹，与扁豆、丝瓜延缘老圃，虫声啾唧，雁影迷离，不由人不动鲈脍之思矣。”这体现了作者在数十年的漂泊生涯中时不时产生的浓浓的思乡之情；“旧有小楼数间，在扬城西北隅，环植绿萼数株，倩邓完伯书‘莫吹笛’三大字，颜之，内设盆盎数十，植冰梅、墨梅、红绿、梅花于案头几上，参差错落，香盈满室，招老姜梅叔饮酒赋诗，转瞬十余年间，已成今古，思之慨然。”物是人非，自然令人惆怅不已。诸如此类的描述，全书之中随处可见，不失为一篇篇文字简约、趣味盎然的小品文。纵观历代花卉文献，在文学性方面很少能够达到这样的水准。

本书以《春草堂集》卷25的《花木小志》为底本，进行了标点、校注、翻译等工作。全书插图由随园草木工作室连燕婷、朱圣洁、曹天晓，东南大学李玫博士，华中科技大学栗茂腾博士，科学网博主朱晓刚先生、张珑先生友情提供。

目
录
CONTENTS

《花木小志》自序

志者，记也。以记其所记，统之曰“志”。夫统记一邑[1]之事曰“县志”，记一郡之事曰“府志”，记天下、古今之事曰“通志”，且天文、律历及礼与乐皆各有志。余所志者，花木耳。余性嗜花木，虽居陋巷，读书外必借花木以自娱，祁寒[2]酷暑亦未尝以浇灌假它人之手。壮而之四方，凡遇花木稍有所异，必购而携之。其所不能携者，图而记之。自依冶山上公乔梓[3]以来，痼疾[4]犹未能已[5]。惜所居地非冲要[6]，俗尚诗书，其所与言花木者，鲜[7]矣！往往与上公乔梓论诗论文后偶一言及，并询及它州外县所有异于是者，乃以所涉江、浙、闽、粤以及燕、赵、晋、楚所见言之。公悦，复命以笔志之。余因所志非天文、礼乐及府县有大关系者，故曰“小志”，故又曰“花木小志”。

◎ 译文

“志”的意思就是记载。用来记载自己想要记载的东西，统称为“志”。记载一县之事的叫“县志”，记载一郡之事的叫“府志”，记载天下、古今之事的叫“通志”，天文、历法、礼乐等事宜都分别有各自的志。我记述的则是花木。我生性喜爱花木，虽然住在简陋的街巷中，读书之余常常借助花木来自娱自乐，严寒酷暑也从来不让别人替自己浇灌花木。我在壮年的时候游历四方，凡是遇到稍微奇特一点的花木，就一定要买下来带在身边。

不能带走的就画图记下来。投靠冶山乔梓先生以来，从前的这个老毛病还没有改掉。遗憾的是，我所居之地并不是什么重要的地方，周围的人为了求取功名都很看重诗书，没有多少人愿意空谈花木。通常是在和乔公谈诗论文之后偶尔说上几句，乔公问到其他州县与本地不同的花木时，我把自己在全国各地见到的都告诉了他。乔公听后十分高兴，又让我用笔记录下来。这些记载与天文、礼乐、府县没有太大关系，因此，我把它们称为“小志”，又叫“花木小志”。

[注释]

[1] 邑：古代县的别称。元人揭傒斯《庐江县学明伦堂记》：“君子受于天，承于师，备于身，施于家，行之于乡，居一邑则以之治一邑，居一州则以之治一州，任天下之责则以之尽天下之责。”

[2] 祁寒：祁，意思是大、盛。祁寒即严寒。明人林弼《好古楼记》：“既执卷，窗几间琅琅诵读，虽祁寒暑雨不废。”

[3] 乔梓：生平事迹不详，大概是隐居在冶山一带的文士。

[4] 痼疾：积久难治的病。北宋黄庭坚《苦笋赋》：“苦笋不可食，食之动痼疾，令人萎而瘠。”这里是指作者本人多年养成的习惯。

[5] 已：停止。唐人白居易《云居寺孤桐》：“一株青玉立，千叶绿云委，亭亭五丈余，高意犹未已。”

[6] 冲要：指地理位置或交通位置非常重要的地方。清人魏源《圣武记》：吴三桂“专制滇中十余年，日练士马，利器械，水陆冲要，遍置私人”。

[7] 鲜：少。明人薛应旗《贺胡默林序》：“天下无难处之事，及事至于前，则天下鲜见有能处之人。”成语“寡廉鲜耻”“屡见不鲜”中的“鲜”，都是这样的意思。

木棉 [1]

此花惟两粤 [2] 有之。其树合抱，其花纯赤，花大如碗，开时与余霞相掩暎 [3]，虽张南本 [4] 亦不能写其形似也。

◎ 译文

这种花只生长在南方的两粤地区。树身有合抱之粗，花为纯红色，像碗那么大。开花时，木棉与晚霞相互映衬，就算是张南本这样的画家，也描绘不出它的样子。

木棉

[注释]

[1] 木棉：一种生长在热带及亚热带地区的落叶大乔木。树干挺拔，三四月开花，花为深红色，大而美，犹如锦缎。果实里面的丝絮可以织布。又名红棉、攀枝花、斑枝花。元人胡古愚《树艺篇·草部》："攀枝花，树高四五丈，花类山茶，开时殷红如锦，一名'木棉花'。木棉树极高，花红，如莲微小，结实，即斑枝花。又云：树高四五丈，花殷红。人取其实，中絮铺褥，所谓'斑枝花褥'是也。"

[2] 两粤：早期指以今天的福建省为中心的东粤和以广东省为中心的南粤，范围包括福建、广东、广西、海南等地以及江西、浙江的部分地区。明清以后，主要指广东、广西两地。东粤指位于东部的广东地区，西粤则指西部的广西地区。

[3] 掩暎：即掩映，意思是相互映衬。"暎"是映字在古代的另一种写法。

[4] 张南本：唐代著名画家。生卒年不详，唐僖宗中和年间（881—885）生活在成都。擅长画佛像、鬼神、人物等，尤其精于画火。据宋人黄休复《益州名画录》记载："南本于金华大殿画明王八躯，才毕，有一老僧人入寺，蹶仆于门下，初不知是画，但见大殿遭火所焚。其时孙位画水，南本画火，代无及者。世之水火，皆无定质，唯此二公之画，冠绝今古。"蹶、仆，都是倒下的意思。

陆地莲[1]

此花出自外洋。挺然一干，非花非叶，瓣攒[2]如斗，其色绀碧[3]。映日则光华焕发，带雾则瑞烟笼罩，真神品也。余得之东粤，携之山左[4]，以彩色方盎[5]置之案头。如高僧晤对[6]，有出尘之表。

金莲花

◎ 译文

这种花来自国外。茎干挺拔直立，开花时既不像花也不像叶，花瓣集聚，外形如斗，花为深青色。如果受到太阳照射就会光彩焕发，被雾气包围时就像笼罩着一层祥瑞的烟气，确实是花中的神品。我在广东得到以后，把它带到了山东，种进一个彩色的方形花盆，然后放在了案头。好像是高僧坐在那里与我交谈，一副超凡脱俗的样子。

[注释]

[1] 陆地莲：从海外传入中国南方的花品，具体情况不详。有人说是金芙蕖，又名金莲花。清代佚名《清凉山志》卷22："金芙蕖，亦名金莲花、陆地莲。"如果这一说法能够成立，则宋元时代这种植物在南方地区已经比较常见了。元人许有壬《调水芙蓉不花》："南土风宜陆地莲，移根培植不能妍。"也有人认为是花毛茛或水莲木。不过，这些说法都与此处描述的"非花非叶""瓣攒如斗""其色绀碧"等特点并不十分吻合。据文中所述，陆地莲的花瓣较大，花呈青红色，清代中期在广东地区已有种植，颇具观赏价值。

[2] 攒（cuán）：聚集。鲁迅《从百草园到三味书屋》："如果不怕刺，还可以摘到覆盆子，像小珊瑚珠攒成的小球，又酸又甜，色味都比桑葚要好得远。"

[3] 绀（gàn）碧：深青透红之色。唐人李景亮《李章武传》："其色绀碧，质又坚密，似玉而冷，状如小叶。"

[4] 山左：山东省旧时的别称。古代以太行山为界，坐北朝南，则左边是山东，右边是山西。

[5] 盎（àng）：敞口盆，清人方文《毗陵答杨逢玉送米》："昼出樽常满，宵归盎每虚。"这里指花盆。

[6] 晤对：会面交谈。宋人黄庭坚《上苏子瞻书》："盖心亲则千里晤对，情异则连屋不相往来，是理之必然者也。"

聚八仙[1]

聚八仙，即唐昌观[2]玉蕊也，诸书所载，极言难得。村农颜四送碧桃来，偶尔言及，颜笑而颔[3]之。明日担一瓦盆，干长二尺余，花开数萼，每萼心攒红豆十余粒，周绕粉色小花八朵，素艳寒光，令人心醉。易以瓷盎，移置内室，与群姬酌酒赏之。兰姬填《八仙庆寿长调》以纪其事。然此花培养颇不易。

◎ 译文

聚八仙，就是唐昌观的玉蕊花，许多书中都有记载，被认为是极为难得的品种。村民颜四有次送青桃过来，（我们）偶尔谈到这种花，他面露笑容，微微点头。第二天，

琼花

他就挑来了一盆聚八仙，枝干长二尺多，已经开了几朵花，每朵花中聚集着十多粒红豆大小的花蕊，周围环绕着八朵粉色的小花，花色素白明艳，若有寒光，令人心醉。我将其换成瓷盆，移至卧室，和姬妾们一起品酒赏花。兰姬用《八仙庆寿长调》的曲牌填词，记录下了这件事。但是，这种花种养起来却十分不容易。

[注释]

[1] 聚八仙：一种珍贵的花。中间是小花，四周围绕着八朵大花，因而得名。南宋淳熙（1174—1190）以后，聚八仙经常被用来嫁接琼花，因两者形状相近，常常被看成琼花。如，南宋姚宽《西溪丛语》卷下："唐昌观玉蕊花，今之散水花；扬州琼花，今之聚八仙，但木老耳。"其实二者并不是同一种花。南宋周密《齐东野语·琼花》："扬州后土祠琼花，天下无二本。绝类聚八仙，色微黄而有香。仁宗庆历中，尝分植禁苑，明年辄枯，遂复载还祠中，敷荣如故。淳熙中，寿皇亦尝移植南内。逾年，憔悴无花，仍送还之。其后，宦者陈源命园丁取孙枝移接聚八仙根上，遂活。然其香色则大减矣。"宋人陈景沂在《全芳备祖前集·琼花》中也认为聚八仙与琼花虽然"若骤然过目，大率相类"，实际上有三方面的差异："琼花大而瓣厚，其色淡黄；聚八仙花小而瓣薄，其色微青"；"琼花叶柔而莹泽，聚八仙叶粗而有芒"；"琼花蕊与花平，不结子而香，聚八仙蕊低于花，结子而不香"。陈景沂还说自己曾经拿着这两种花让几个晚辈识别，结果大家都没有认错。

[2] 唐昌观：唐代长安城中的一个道观，因为唐玄宗的女儿唐昌公主而得名。观中有玉蕊花，据传为唐昌公主手植，诗人多有吟咏。如唐人王建《唐昌观玉蕊花》："一树笼葱玉刻成，飘廊点地色轻轻。女冠夜觅香来处，唯见阶前碎月明。"

[3] 颔（hàn）：点头，表示赞许。清人叶廷琯《吹网录·亭林年谱有沿误处》："时吴门顾宁人在座，先生谓之曰：'王寅于阳邱读君《古易序》，非为此君乎。'宁人颔之。"

桂花

桂[1]（水木樨[2]附）

桂之花有赤色者名“朱砂桂”，深黄色者名“丹桂”，浅黄色者名“金桂”，白色者名“银桂”。又有名“四季桂”者，其花虽四季能开，然色香稍减，盖齐鲁[3]间多以剪①背罗[4]本接[5]之故耳。其壮大者莫如广西桂林郡[6]及浔州[7]。余尝见其有数十抱者，花开不落，结实若梧桐子。骆宾王诗云“桂子月中落，天香云外飘”②[8]，盖指此也。又一种名“水木樨”者，草本，花色若蜜，其气味似桂。

[校记]

① 原文作“翦”。“翦”“剪”二字，古书中通用，下文均改为今日通行的“剪”。

② 这两句诗的作者是唐代的宋之问，而不是骆宾王。

◎ 译文

红色的桂花称为“朱砂桂”，深黄色的称为“丹桂”，浅黄色的称为“金桂”，白色的称为“银桂”。还有一种叫“四季桂”的，虽然四季都能开花，但是颜色、香气都稍差一些，大概是因为在山东地区常常用剪背罗作为砧木进行嫁接的缘故吧。枝叶最粗壮的是广西桂林和浔州一带的桂树，我曾经看到过数十围粗的，开花后经久不落，子实像梧桐子一样大小。骆宾王诗中所说“桂子月中落，天香云外飘”，大概就是指这种桂树。另外还有一种叫“水木樨”的，草本植物，花色像蜜一样，香味与桂香极为相似。

[注释]

[1] 桂：即木樨，有时写为“木犀”。“桂”既是树木名，也指它的花。常绿乔木或灌木，树高3~5米，花有白色、黄色、红色等。大多在阴历八月开花，也有四季开花者。清人邹一桂《小山画谱·桂》：“桂，一名‘木樨’。树高一二丈，枝叶对生，叶如冬青，尖长而弯……一种色红者为丹桂，白者为银桂，金色者为金桂，香俱逊。又有四季桂，四时俱花，结子如小青果。”《广西通志·物产志》：“桂，各州县出。其大者至十围，终年葱蒨（qiàn），秋风花发，四远香闻。至冬结子枝头，如小莲子状。又，四季桂冬花尤盛。”

[2] 水木樨：即指甲花。花和桂花相似，有香味。清人陈淏子《花镜·水木樨》：“水木樨一名‘指田’。枝软叶细，五六月开细黄花，颇类木樨。中多须药，香亦微似，其本丛生，仲春分种。”清人邹一桂《小山画谱·水木樨》：“草花丛生，枝柔弱，叶细狭而尖长，花如豆花，黄色，浅深相间，微柄绿蒂生于叶间，蒙茸茂密。”

[3] 齐鲁：今山东。春秋时期为齐国和鲁国所在地，故称。

[4] 剪背罗：“剪背罗”或“背罗”，历代古书中都没有记载，不知是何种树木。古书中有剪秋罗，多年生草本植物，八月开花，又名汉宫秋。

清人汪灏《广群芳谱 · 剪秋罗》:“色深红，花瓣分数岐，尖峭可爱，八月间开。”也有剪春罗，夏初开花，又名剪红罗、碎剪罗。清人陈淏子《花镜 · 剪春罗》:“二月生苗，高一二尺，叶如冬青而小，攒枝而上。入夏，每一茎开一花，六出绯红色，周回茸茸，类剪刀痕。但有色无香，不若剪秋纱之鲜丽更可爱也。”按照这里的描述，山东一带用桂树与这种树嫁接，嫁接后的桂树虽然能四季开花，花色、香气却逊色于其他品种的桂树。根据从事现代方言研究的山东师范大学邵燕梅副教授向发音合作人的调查，山东一带长期以“柚根子”（音）为本嫁接桂树，沂水话里的“柚根子”就是来自南方的流苏树。但是，从语音、语义方面看，“柚根子”都与“剪背罗”或“背罗”相距甚远，只能暂时存疑。

[5] 接：嫁接，指把一种树木的枝条接在另一种树木上，以缩短树种生长的时间，提高树木成活率以及果实品质，或者培育树木新品种。大致地说，魏晋南北朝称“插”，唐代以后称“接”“接树”。

[6] 桂林郡：古代行政区划的名称，辖区在今天的广西一带。秦始皇始设，与南海、象郡同为当时的岭南三郡之一。因境内多桂树而得名。

[7] 浔州：今广西桂平的古称，唐代始设浔州府，因境内有浔江而得名，1944年废除浔州区，从此成了一个历史上的地理名词。

[8] 桂子月中落，天香云外飘：这两句诗出自宋之问《灵隐寺》:“鹫岭郁岧峣，龙宫锁寂寥。楼观沧海日，门对浙江潮。桂子月中落，天香云外飘。扪萝登塔远，刳木取泉遥。霜薄花更发，冰轻叶未凋。夙龄尚遐异，搜对涤烦嚣。待入天台路，看余度石桥。”宋之问，字延清，汾州隰城（今山西汾阳）人，初唐时期的著名诗人。

芭蕉

蕉[1]

名“芭蕉”[2]者，叶可制扇。名“水蕉”[3]者，花香，皙白，实形似肥皂角[4]，可食，根名“波罗蜜”，亦可食。名“美人蕉”[5]者，其叶瘦而长，婉媚可观。名“东蕉”者，花片如兰，色红而艳，子若明天麻[6]，植不甚高，置几案，颇称雅致。

◎ 译文

名叫“芭蕉”的，叶子可以制作扇子。名叫“水蕉”的，花有香气，花色洁白，果实像肥皂角，可以食用，它的根叫“波罗蜜”，也可以食用。名叫“美人蕉”的，叶子瘦长，形态婉媚，适宜观赏。名叫“东蕉”的，花瓣如同兰花，颜色鲜红艳丽，果实像天麻，它的茎干不是很高，放在几案上，十分雅致。

[注释]

[1] 蕉：芭蕉科植物的统称。多年生草本植物。叶子宽大，呈扇形。主要分布在我国南方地区，常见的有香蕉、芭蕉、美人蕉等。

[2] 芭蕉：多年生草本植物。果实跟香蕉相似，略短小。清人孙枝蔚《新居》：“最爱芭蕉绿，宜栽野老傍。”

[3] 水蕉：多年生草本植物。花为白色，果实如皂荚角。清人汪灏《广群芳谱·芭蕉》：“芭蕉丛生，根出地面，两三茎成一簇，大者二三尺围，叶如扇柄，如山芋，茎中心抽干作花。盛红者如火炬，谓之‘红蕉’。白者如蜡色，谓之‘水蕉’……白花不结实。取其茎，以灰练之，解散如丝。绩以为布，谓之‘蕉葛’。”

[4] 肥皂角：即皂荚。落叶乔木，树干有刺，花为淡黄色，结出的荚果中含有皂苷，可以去除污垢。荚果、树皮、树刺均可入药。清人王士禛《香祖笔记》卷12：“宋王文宪家，以皂荚末置书中，以辟蠹。”

[5] 美人蕉：多年生草本观赏性植物，叶子阔长而柔软，花红色或黄色，多分布于热带和亚热带地区。明人高濂《遵生八笺·红蕉花二种》：“种自东粤来者，名‘美人蕉’，其花开若莲而色红若丹。中心一朵，晓生甘露，其甜如蜜。”

[6] 明天麻：即天麻。中药名，多年生草本植物，块茎肥大，可入药。

竹[1]

竹之种类不一，大者如椽[2]，小者似草，谱载六十一种[3]，可谓详备。然友人从辽东[4]来，遗[5]余一种名“脆竹”，长尺余，节叶萧疏[6]。长养于系水石[7]上，置石于盆，盆贮净水，供于案头。每当清风徐来之际，飒飒[8]然有天外真人之想。

◎ 译文

竹子的种类很多，大的像屋椽，小的像野草。《竹谱》记载了六十一种，可以说非常详细完备了。有一位朋友从辽东过来，送了我一种名为“脆竹”的竹子，有一尺多长，节上的竹叶错落有致。我将它养在吸水石上，又往盆里放了一些石头，添了一些清水，放置在书桌上。每当清风徐徐吹来的时候，竹叶沙沙作响，就有了天外来仙的感觉。

[注释]

[1] 竹：一种多年生的禾本科常绿植物。茎干为圆柱形，挺直有节，中空。叶子细长，四季常青，经冬不凋。不常开花，开花后容易死亡。可以制作各种器物。传统文化中，梅、兰、竹、菊并称为“四君子”，松、竹、梅又并称“岁寒三友”，竹常常被视为高风亮节、谦虚潇洒的人格象征，深受文人雅士喜爱。

[2] 椽（chuán）：支撑屋顶用的木条。清人纪昀《阅微草堂笔记·滦阳消夏录二》：“迨（dài）甫落成，突烈焰四起，顷刻无寸椽。”迨，等到；甫，刚刚。

竹

[3] 谱载六十一种：古代以“竹谱”为名的农书不止一部，如晋人戴凯之《竹谱》、宋代僧人惠崇《竹谱》、宋人吴辅《竹谱》、清人陈鼎《竹谱》等。现在能够看到的是戴凯之和陈鼎的《竹谱》，前者记述了70多个竹子品种，后者记载云南、贵州一带比较奇异的竹子品种，共60条。这里所说的《竹谱》，应该是其中的一部。

[4] 辽东：辽河以东，包括今辽宁省东部和南部以及吉林省东南部地区。

[5] 遗（wèi）：赠送。元人鲁贞《师俭堂记》：“遗之以田宅者，以利言也；遗之以俭者，以德言也。以利，未有不废者也；以德，未有不昌者也。”

[6] 萧疏：错落有致。清人魏秀仁《花月痕》第10回：“花墙空里望去，园内又有几处亭榭，竹景萧疏，鸟声聒噪，映着这边庭前莺粟、虞美人等花和那苍松碧梧，愈觉有致。”

[7] 系水石：即吸水石，制作盆景或假山时用来吸水的石头。

[8] 飒飒：象声词，形容风吹树木发出的声音。《封神演义》第1回：“不一时，悲风飒飒，惨雾迷漫，阴云四合。”

兰花

兰[1]（风兰附）

兰之有谱，旧[2]矣。余于广西全州[3]见兰一丛，花色正赤，寄生于古松节[4]穴中。又于齐赵[5]之郊见兰一丛，花色蓝翠，光景[6]可爱，其叶稍劲，亦可谓奇卉矣！然广东风兰[7]，不沾水土，悬①之檐②际，花开甚盛，香气袭人，不见者难与言矣！

[校记]

①原文作“县”，是“悬”字在古书中的常见写法，下文均改正。

②原文作“簷”，是“檐”字在古书中的另一种写法，下文均改正。

◎译文

《兰花谱》之类的书，很早以前就有了。我在广西全州见过一丛兰花，花色赤红，寄生在一个古老松节的树洞中。又在齐赵近郊见过一丛兰花，花色翠蓝，样子十分可爱，它的叶子比较坚韧，也可以算是很罕见的花卉了。广东的风兰，不需要水和土壤，悬挂在屋檐上，花就能开得十分旺盛，香气浓郁，很难向从未亲眼见过的人描述。

[注释]

[1] 兰：多年生常绿草本植物。叶子细长而尖，根为圆柱形，春初或秋季开花，花呈淡黄绿色，幽香芬芳。品种甚多，常见的有春兰、蕙兰、建兰等。明人李时珍《本草纲目 · 兰草》："多生阴地幽谷，叶如麦门冬而阔且韧，长及一二尺，四时常青，花黄绿色，中间瓣上有细紫点。春芳者为春兰，色深；秋芳者为秋兰，色淡。开时满室尽香，与他花香又别。"传统文化中兰常被视为君子的象征。

[2] 旧：久远。北宋黄朝英《靖康缃素杂记》卷2："煮面谓之汤饼，其来旧矣。"

[3] 全州：古代行政区划，在今广西桂林境内。

[4] 松节：松树枝干上的结节，古代常用来照明，也可以入药。《南史 · 顾欢传》："欢贫无以受业，于舍壁后倚听，无遗忘者。夕则燃松节读书。"

[5] 齐赵：春秋时期齐国、赵国的所在地。大致地说，齐国在今山东省境内，赵国包括今河南省南部、河北省北部以及陕西省中部等地区。

[6] 光景：样子，模样。《二刻拍案惊奇》卷10："莫妈见双荷年长，光景妖娆，也有些不要他在身边了。"

[7] 风兰：兰的品名。植株长约8~10厘米，花色白，有芳香，大多生长在树干、岩石之上。古代文人常常把它悬挂在屋檐下边。清人汪灏《广群芳谱 · 风兰》："种小似兰，枝干短而劲，类瓦花。不用砂土，取竹篮盛贮其大棵，悬于有露无日之处，朝夕洒水。三四月中开小白花，将萎转黄色，黄白相间，如老翁须。"

橘[1]（柑、橙、柚、香橼附）

橘以福建产者为佳，所称“福橘”是也。又有“金橘”，圆者味酸，蜜制之，可理气。长者名“羊奶橘”，可食皮。橘大而扁①者，名之曰“柑”[2]，洞庭山所产极佳，所称“洞庭柑”[3]是也。似柑而肥大者，名之曰“橙”[4]，产新会县者佳。余尝于新会剖一橙，满室皆香。橙肉若翠，皮即“新会皮”[5]也。又有“鸭蛋橙”“绉[6]皮橙”，味稍次之。似橙而再大者，名之曰“柚”[7]，味虽逊于柑橘，肥脆过之。似柚而圆净者，名之曰“橼”[8]，香气永远，可蜜食，不可生食。余自移家于鲁，多方购求，所得橘、柚、柑、橙各数种，约二十余株，皆旧家数十年物也。环植小院，置身其间，当橙黄橘绿之时，不无有故乡之慨。

[校记]

①原文作“匾”，古书中常与“扁”字通用，下文均改正。

◎ 译文

橘子以福建出产的为最好，也就是人们所说的“福橘”。另外一种叫“金橘”，圆形味酸，蜜制后食用，可以补中益气。稍长一些的是“羊奶橘”，皮可以吃。体形略大而扁的是柑，洞庭山出产的极为优良，也就是世人所说的“洞庭柑”。形状像柑但是更加肥大的是橙子，广东新会县出产的最好。我曾经在新会切开过一个橙子，整个屋子都弥漫着香气。橙肉泛着翠绿色，它的皮就是著名的“新会皮”。又有叫作“鸭蛋橙”“绉皮橙”的，味道稍微差一些。形状像橙子又比橙子大一点的是柚子，味道虽然不如柑橘，汁水却更多，肉也更脆生。形状像柚、但是更加圆润光滑的是香橼，香气久远，可以蜜制食用，不能生吃。我搬家到山东以后，通过各种方式买到了橘、柚、柑、橙树各数株，总共二十多株，都是以前家中种了数十年的品种。我把它们种在院子里，每天置身其中。橙黄橘绿的时候，就像回到了故乡一样。

[注释]

[1] 橘：常绿乔木，大多分布在中国南方地区。叶子呈长卵圆形。初夏开花，秋天结果。果实即橘子，扁圆形，果皮红黄色，果肉多汁，味或酸或甜。果皮、果核及树叶都可入药。

[2] 柑：果木名，也指它的果实。常绿灌木，果实球形稍扁，比橘子略大。生青熟黄，果肉多汁，味甜。树皮、叶子、花、果皮、种子都可入药。明人李时珍《本草纲目·柑》：“柑，南方果也。而闽、广、温、台、苏、抚、荆州为盛，川蜀虽有不及之。其树无异于橘，但刺少耳。柑皮比橘色黄而稍厚，理稍粗而味不苦。”

[3] 洞庭柑：柑子的品名，出产于洞庭山一带。以不怕霜打而知名。北宋庞元英《文昌杂录》卷4：“南方柑橘虽多，然亦畏霜，每霜时亦不甚收。唯洞庭，霜虽多，即无所损，询彼人，云：洞庭四面皆水也，水

气上腾，尤能避霜。所以洞庭柑橘最佳，岁收不耗，正为此尔。”南宋韩彦直《橘录·洞庭柑》：“洞庭柑，皮细而味美，比之他柑，韵稍不及，熟最早。藏之至来岁之春，其色如丹。乡人谓其种自洞庭山来，故以得名。”洞庭山在今江苏苏州，由东洞庭、西洞庭两山组成，也就是苏州的东山、西山，盛产柑橘。

[4] 橙：果木名，也指它的果实。常绿乔木或灌木，果实为球形，皮呈红黄色，多汁，味酸甜。与橘子相比，橙子表皮更为光滑，不易剥离。明人李时珍《本草纲目·橙》：“橙产南土，其实似柚而香，叶有两刻缺如两段，亦有一种气臭者。柚乃柑属之大者，早黄难留；橙乃橘属之大者，晚熟耐久。皆有大小二种。”

[5] 新会皮：指新会出产的陈皮。新会，古称冈州，今为广东江门市新会区。

[6] 绉：褶皱。元人康进之《李逵负荆》第一折：“俺则见杨柳半藏沽酒市，桃花深映钓鱼舟，更和这粼粼春水波纹绉。”

[7] 柚：果木名，也指它的果实。常绿乔木。花为白色，果实为扁圆形，黄色或绿色，个大皮厚。明人周文华《汝南圃史·橘》：“柚，枝叶扶苏，结实最巨，有如小斗者。肉有红、白二种。其红者，味甘酸如杨梅，极有风味。”

[8] 橼（yuán）：即香橼，小乔木或大灌木，有短刺，叶为卵圆形，花带紫色。果实为长圆形，与柚子相像，皮粗厚而有芳香，可供观赏。又称“枸橼”，李时珍《本草纲目·枸橼》：“枸橼产闽广间，木似朱栾而叶尖长，枝间有刺，植之近水乃生。”

无花果[1]

此果不花而实[2]，能治痢疾。余尝种一株于巨瓮，果熟后剪去繁枝，仅留数叶相衬。与①枇杷同观，有金碧交辉之雅。

[校记]

① 原作“于”，语义不畅，今改正。

◎ 译文

无花果不开花就能结果，有治疗痢疾的功效。我曾经用大水缸种过一棵，果实成熟后，剪掉了多余的枝条，只留几片叶子与果实相互映衬。将它和枇杷放在一起观赏，金色和碧色交相辉映，十分雅致。

[注释]

[1] 无花果：落叶灌木或小乔木。叶大而粗糙，花为淡红色，隐于花托内。果实最初为浅绿或蓝绿色，成熟后变成紫红色，可食用。明人徐光启《农政全书·荒政》：“无花果，生山野中，今人家园圃中亦栽叶。形如葡萄，叶颇长硬，面厚，稍作三叉。枝叶间生果，初则青小，熟大，状如李子，色似紫茄，色味甜。”

[2] 此果不花而实：无花果的花隐藏在花托里面，果实与鸡蛋差不多大小。

菊[1]

居扬郡[2]时,所种菊花有三百余种,内有二种尤爱重之。其一黄色者,名"黄金如意"[3],花大如碗①。大开之后,心分二股,一左旋,一右旋,皆突起,相对若如意然。其一白色者,名"玉钩斜",花攒碎瓣,于中心斜拖一瓣,约长二寸许,若匙若瓢。对之怡人,居鲁以来不复能想像矣!

[校记]

① 原作"盌",是"碗"字的古代写法,下文均改正。

菊

◎ 译文

我住在扬州时，种植了三百多种菊花，其中有两种是我尤其喜欢的。一株是黄色的，名叫“黄金如意”，花像碗口那么大。盛开之后，花蕊分成两股，一股向左转，一股向右转，都向外突起，两股相对，就像一对如意的样子。另一株是白色的，叫作“玉钩斜”，其花朵由许多碎瓣攒集而成，从中心处斜着伸出一瓣来，约两寸多长，形状像汤匙又像水瓢。看到它们就会令人心旷神怡，自从搬到山东以后，我就再也没见过了！

[注释]

[1] 菊：多年生草本观赏性植物，中国传统名花。叶子呈卵形，边缘有锯齿。秋季开花，品种很多。晋代陶渊明有“采菊东篱下，悠然见南山”的诗句，后来逐渐成为隐逸士人精神高洁的象征。

[2] 扬郡：即扬州郡，今江苏扬州。

[3] 如意：古代用来搔背的器物，可如人心意，故名。多用骨、竹、玉、金等制成，长柄，头部成祥云或灵芝状。

木槿 [1]

花有五色，状如芍药，其植似树，然朝荣暮①萎，妇女不甚簪佩。或曰：武后醉，勅[2]百花齐放。翌日[3]，诸花吐艳而木槿独否，因是贬之苑外，世亦由是贱之[4]。吁！设使实有其事，岂不愧死昌宗、三思[5]辈矣？何贬之有！余于空园栽数十株，每当花时，呼邻里之匹夫匹妇，即以此事讲说一遍，使其以忠孝为本。竟有听之而发愤者、堕泪者、嚱吁[6]再四者。是夕，梦丈夫衣冠而揖[7]余曰："千载暧昧[8]，一朝为先生道破，岂不快哉！"语毕而醒。

[校记]

① 原文作"莫"，"暮"字的古代写法，下文均改正。

◎ 译文

木槿花有五种颜色，形状像芍药，种植方法与树相近。然而早晨盛开，傍晚枯萎，妇女们不太喜欢当簪饰佩戴。相传武则天醉酒后，命令百花一齐开放。第二天，众花纷纷绽放，只有木槿不开花，因此它被贬到御花园外，世人也因此看轻它。唉！假如真有这样的事，岂不让张昌宗、武三思这样的谄媚者羞愧至死？有什么理由鄙视它啊？我在空园中种了数十株木槿，每当开花的时候，就招来邻里百姓，并将这个故事讲述一遍，让他们懂得忠孝之本。听完以后，有人愤慨，有人流泪，还有人唏嘘不已。当天晚上，我梦见一个男子衣冠整齐地向我作揖道："千年不明之事，今天终于被您说破，真是太痛快了！"刚刚说完，我就醒了过来。

木槿

[注释]

[1] 木槿：落叶灌木或小乔木，叶子呈菱形或卵形，花有红、白、紫等色，大而鲜艳。树皮和花可入药。周文华《汝南圃史·木槿》："其花朝开暮落，一名为'舜'，或呼为'日及'。"

[2] 勅：帝王的诏书，命令。明人冯梦龙《醒世恒言》："上帝察其清廉，悯其无罪，敕封吾为本县城隍之神。"

[3] 翌（yì）日：第二天。

[4] 世亦由是贱之：木槿花因为朝开夕落，在古代多不受人喜爱。明人文震亨《长物志·木槿》："花中最贱，然古称'舜华'，其名最远，又名'朝菌'。"

[5] 昌宗、三思：张昌宗是武则天的宠臣，张氏兄弟在武周晚年把持朝政，后来，太子李显发动政变，武则天被迫退位，张氏兄弟也被诛杀。武三思是武则天的侄子，曾经担任宰相，权倾一时。

[6] 巇（xī）吁：表示感叹的语气。

[7] 揖（yī）：拱手行礼。宋人陆游《老学庵笔记》卷8："古所谓揖，但举手而已。"

[8] 暧昧：含糊不清。清人毕沅《续资治通鉴》："朕亲临问左证，其事暧昧，当时被罪谴责者，可俱放免还家。"

文官果

文官果 [1]

此果状如银杏，花色纯白，然银杏不可生食，此果生食，其味若新莲实，产齐鲁者佳。

◎ 译文

文官果的形状很像银杏，花色为纯白色，但是银杏不能生吃，而这种果实生吃的时候味道就像新鲜的莲子，以山东出产的为佳。

[注释]

[1] 文官果：即文冠果。落叶灌木或小乔木，出产于我国北方地区。春季开花，秋季结果。《广群芳谱 · 文官果》："文官果，树高丈余，皮粗多礧（léi）砢（luǒ），木理甚细，堪作器物。叶似榆而尖长，周围巨齿纹，深春开小白花……花落结实，大者如拳。"礧砢，形容树干多节，不平直。

哈密瓜 [1]

京师传闻此瓜藤蔓甚劲，双轮碾其上而不见痕迹。花开经月不卸 [2]，香闻十里。每一瓜熟，邮递入都，无位者不可得而问焉。

◎ 译文

京城里传说哈密瓜的藤蔓十分坚韧，两个车轮在它上面碾压都看不见痕迹。花开一个月不凋谢，香飘十里。每当哈密瓜成熟的时候，邮递到京城，没有地位的人连见都见不到。

[注释]

[1] 哈密瓜：新疆哈密、鄯善、吐鲁番等地出产的一种甜瓜。果实较大，呈椭圆形。皮青黄色，有网纹，肉香甜。清代《皇朝通志 · 果类》："哈密瓜，体甚巨，长尺许，两端皆锐。味较内地甘美，可晒为脯，芳鲜历久不变。自哈密臣服以来，每岁常充供献，中土始尝此味，前此所未有也。"

[2] 卸：凋谢。清人史震林《西青散记 · 娟娟仙子降乩（jī）词》："月光昏，隔水人断孤村；深巷小，黄叶纷纷都卸。"

苦瓜 [1]

藤本，易生。俗名“癞葡萄”，又名“锦荔枝”。其花磊落 [2]，其实高下、青黄相间，熟则中裂，吐红子数枚。当秋风夕吹，与扁豆、丝瓜延缘 [3] 老圃，虫声啾唧 [4]，雁影迷离，不由人不动鲈脍之思 [5] 矣。

◎ 译文

苦瓜是藤本植物，易于生长，俗称“癞葡萄”，又称“锦荔枝”。花开繁盛，果实高低交错，青黄相间。果实成熟后就会从中裂开，露出几枚红色的苦瓜子。傍晚，秋风乍起，苦瓜与扁豆、丝瓜在菜园里四处蔓延。秋虫声声，雁行哀鸣，思乡之情油然而生。

[注释]

[1] 苦瓜：一年生攀缘状草本植物。开黄花，果实表面凹凸不平，成熟时橘黄色，有苦味，可以做蔬菜。明人李时珍《本草纲目 · 苦瓜》：“苦瓜原出南番，今闽广皆种之。”

[2] 磊落：众多错杂的样子。《徐霞客游记》：“又五里，大石磊落，棋置星罗，松竹与石争隙。”

[3] 延缘：蔓延生长。元人王祯《农书 · 甜瓜》：“黄瓜则以树枝引蔓，延缘而生；白瓜则就地延蔓，生子而已。”

[4] 啾（jiū）唧：象声词，形容鸟虫鸣叫的声音。鲁迅《彷徨 · 在酒楼上》：“天空的铅色来得更浓；小鸟雀啾唧的叫着。”

[5] 鲈脍之思：代指思乡之情。鲈即鲈鱼，脍指切成的细丝。鲈鱼脍是古代吴地的一道名菜。《世说新语》记述吴人张翰在洛阳为官，秋风之中，想起家乡的鲈鱼脍，很快就驾车返回了家乡。

倭瓜[1]

花实皆无可纪[2]，然与蚕豆同煮，食之可疗鸦片烟①瘾，故纪之。蚕豆花色紫翠，亦农家野趣也。但瓜忌多食，食多病痢。止痢者莫若鸦片，物之生克若是。

[校记]

① 原文作“雅片菸”，是“鸦片烟”的古代写法，下文均改正。

◎ 译文

倭瓜的花朵和果实没什么值得记载的，不过，倭瓜与蚕豆一同烹煮，食用过后能够治疗鸦片烟瘾，因此而加以记载。蚕豆花色呈茄紫色，也算是山野农家的一个乐趣了。但是倭瓜不能多吃，吃多了容易染上痢疾。治疗痢疾没有什么能比鸦片更有效的了，这就是事物的相生相克之道。

[注释]

[1] 倭瓜：即南瓜，也称“番瓜”。一年生蔓生草本植物，茎干粗壮，叶子宽大，分叉，呈椭圆形。花为黄色，果实圆而扁，成熟后为金黄色。清代《热河志·物产一》：“结实形横圆竖扁而色黄者为南瓜，形似葫芦而色黑绿者为番瓜。其实一圃之中，种形互出，农家亦未尝强为区别也。今土人概称之为‘倭瓜’。”

[2] 纪：记述，记载。唐人韩愈《祭柳子厚文》：“富贵无能，磨灭谁纪？”

栀子[1]

有河栀、有海①栀、有牡丹栀，皆不若同心栀能结子。其子入药，能治小儿急慢惊风[2]。花白而香，妇女喜佩之。

[校记]

① 原文作“澥”，古书中与“海”字通用，下文均改正。

◎ 译文

栀子的品种有河栀、海栀、牡丹栀，都比不上同心栀结子多。栀子能结子，结出的子可以入药，治疗小儿的急惊风、慢惊风。花色洁白味香，妇女喜欢佩戴它。

栀子花

[注释]

[1] 栀子：一种常绿灌木或小乔木，叶子呈椭圆形，花为白色，香气浓烈，可供观赏。果实可以入药。根据明人文震亨《长物志》记载，该植物在古代有“檐卜、越桃、林兰、禅友”等多个名称，“栀子”是它的民间俗称。这里的“河栀”“牡丹栀”等，则是指它的不同品种。

[2] 急慢惊风：即抽风。一种儿科病，症状为惊厥、抽搐、昏迷，又分急惊风、慢惊风两种。

葫芦[1]

蔓生，易于结实，小者难成。尝见显者以万钱购一枚为风衣扣，颇有别致。花色洁白可观。

◎ 译文

葫芦是在藤蔓上生长的，容易结出果实，个头小的则很难成熟。曾经见过一个显贵花了一万铜钱，买了一个小葫芦当风衣的扣子，十分别致。葫芦的花色，洁白而好看。

[注释]

[1] 葫芦：一年生攀缘状草本，分布于热带至温带地区。茎叶有软毛，叶子呈圆形，夏天开花，秋季结果，花为白色或黄色，果实未成熟时为绿色，成熟后变成黄色。古代也称为“瓠”或“匏”。

向日葵[1]

此花园林、寺观、郊野、陂塘[2]在在[3]有之。子亦可食。最奇者，余在湖北孝感县范效顺家见一大石盆，用玲珑石[4]片堆垛[5]为山坳状，种数十杆①，长不满尺，花大如钱而皆向阳。殆非人工，讵能如是[6]？

[校记]

① 原文作“干”，“杆”“干”二字在古代可以通用，今改正。

◎ 译文

这种花在园林、寺庙、郊外田野、池塘边到处都有。它的种子也可以食用。最让人惊奇的是，我在湖北孝感县（今湖北省孝感市）范效顺家里看见一个大石盆，用玲珑石片堆砌成山坳的样子，上面种了几十棵向日葵，都不到一尺高，所有的花只有铜钱般大小，全都朝着太阳的方向。如果不是人工的，怎么可能是这样的呢?

[注释]

[1] 向日葵：即葵花。一年生草本植物。茎秆直立，高1~3米。花黄色，大如圆盘，种子叫葵花子，可以榨油。向日葵花常常朝着太阳转动，因而得名。

向日葵

[2] 陂（bēi）塘：池塘。明人徐光启《农政全书 · 水利》："夫陂塘蓄泄，前人经营以为水计虑者。"

[3] 在在：处处，到处。《授时通考 · 灌溉》："救旱之法，非塘不可，江淮之间在在有之。"

[4] 玲珑石：一种用于盆景、假山的石头，因天然多窍而得名。颜色或白或黄，以白者为贵。宋人吴芾《假山》："聊移野外玲珑石，来作窗前重叠山。"

[5] 堆垛：堆积、堆砌。明人张岱《夜航船》："宣德年间三殿火灾，金银铜熔作一块，堆垛如山。"

[6] 殆非人工，讵（jù）能如是：殆，大概，表示猜测；讵，难道、岂，表示反问。

松[1]（柏附）

松之大者，余于泰山及孔圣陵[2]见之，苍古极矣！真秦、汉间物。松之小者，余于黄山朱子伟家见之，秀润极矣，真图画有所不能到者。居扬时，天台山[3]行僧[4]方智来访，偶谭[5]松之秀润苍古莫过泰山、孔圣陵及朱子伟家。僧笑曰：“它日当为居士[6]置之。”越明年，方智果来，携一松约长二尺许，旋植于石盆，于旁点缀小石。初亦不甚奇，三五年，势若蟠挐[7]，龙鳞斑剥[8]。陈穆堂见之，呼曰“小青虬”。未几，有阋墙之衅[9]，为有力者夺之。至今，往往形诸梦寐。居鲁时，有孙叟尝为购一柏，天然五臂，不假人工，原主名之曰“五凤楼”。倘使小青虬对峙，真堪匹敌。

◎ 译文

大的松树，我在泰山和孔圣陵见过，苍劲古老之极，的确是秦汉时候的古树。小的松树，我在黄山朱子伟家中见过，秀丽润泽之极，确实是无法用图画描绘的。我住在扬州的时候，天台山的行脚僧方智前来探访，偶然谈论起没有比泰山、孔圣陵、朱子伟家的更秀润苍古的松树，他笑着说道：“改天我给您带一棵来。”第二年，方智果然来了，带着一棵大约二尺长的松树，我马上把它种到石盆里，旁边用小石头点缀。刚开始并不觉得有什么稀奇，过了三五年，逐渐变成了蜷曲勾连的模样，树皮犹如龙鳞一

松

般，色彩斑驳。陈穆堂看见后，称它为“小青虬”。没过多久，因为家庭纷争，这棵松树被人夺走了，至今我还经常梦见它的样子。家住山东的时候，有位孙姓老人曾经帮我买了一棵柏树，看起来就像有五条天然的胳膊，完全没有进行人工的改造。原先的主人把它命名为“五凤楼”。如果用它和“小青虬”相比，真的是难分高低了。

[注释]

[1] 松：松科植物的总称。常绿或落叶乔木，少数为灌木。树皮多为鳞片状，叶子为针形，果为球形。种子可食用、榨油，松脂可提取松香、松节油。

[2] 孔圣陵：即孔林。孔子的陵寝，在今山东曲阜市。

[3] 天台山：佛教天台宗的发源地，在今浙江天台县北。

[4] 行僧：即苦行僧。指没有固定居所，为了参禅悟道或教化世人而云游四方的僧人。

[5] 谭：谈论。《初刻拍案惊奇》卷38："闻得枢密院东有个算命的，开个铺面，谭人祸福，无不奇中。"

[6] 居士：僧人对其他人士的泛称。《儒林外史》第20回："(老和尚)说道：'居士，你但放心，说凶得吉；你若果有些山高水低，这事都在我老僧身上。'"

[7] 蟠挐（ná）：也写为"蟠拏"。形容事物屈曲勾连的样子。明人高启《游天平山记》："山多怪石，若卧若立，若搏若噬，蟠拏撑拄，不可名状。"

[8] 龙鳞斑剥：龙鳞，形容松树的树皮就像龙的鳞片；斑剥即斑驳，颜色相杂。清人王韬《淞隐漫录》："几案间多秦汉鼎彝，斑剥陆离，殊有古致。"

[9] 阋（xì）墙之衅：比喻内部相争。清人王士禛《池北偶谈》："尝有罗姓者，兄弟阋墙，先生邀之家，反复劝譬，声泪俱下，兄弟遂相抱而哭。"阋，争吵、争斗；衅，争端。

老少年[1]（鸡冠附）

一名“秋色”，又名“雁来红”，又名“雁来黄”。初生似苋，渐长渐嫩。江南红色者，初皆绛色；黄色者，初皆绿色。山东初生皆绛，后变红、黄、绿色，即所谓“十样锦”[2]也。然皆以矬[3]而鲜丽为上，鸡冠[4]亦然。近日以矬者名“波斯鸡冠”，最为贵重。

◎ 译文

老少年，又叫“秋色”，也叫“雁来红”“雁来黄”。刚长出来的时候就像苋菜，越长越嫩。江南一带红色的老少年，最初都是深红色的；黄色的老少年，最初都是绿色的；山东的老少年，最初都是深红色的，后来慢慢变成红色、黄色、绿色的，也就是所谓的“十样锦”。老少年都以体形矮小、色彩鲜艳者为上品，鸡冠花也是这样。近来，人们把植株短小的叫作“波斯鸡冠”，是最为珍贵的。

[注释]

[1] 老少年：一种苋类植物。一年生草本植物，茎粗壮，叶子有绿、红、黄、紫等色，菱形或卵形。嫩苗可作蔬菜。明人李时珍《本草纲目·雁来红》：“茎叶穗子并与鸡冠同，其叶九月鲜红，望之如花，故名。吴人呼为‘老少年’，一种六月叶红者名‘十样锦’。”明人徐光启《农政全书·雁来红》：“人家园圃多种之。叶似人苋叶，其叶中心红色，又有黄色相间，亦有通身红色者，亦有紫色者。茎叶间结实，比苋实差大。其叶众叶攒聚，状如花朵，其色娇红可爱，故以名之。”

[2] 十样锦：与雁来红、雁来黄同属于苋类植物，花色有所不同。明

雁来红

鸡冠花

人周文华《汝南圃史》:“叶端色黄者，盖指十样锦……十样锦，叶绿，初出时与苋无辨，秋深秀，出新叶，红黄相间。”

[3] 矬：身材低矮。清人褚人获《坚瓠四集·嘲肥矬》:“吴明卿二子，皆肥而矬。”

[4] 鸡冠：即鸡冠花。一年生草本植物，花的形状就像鸡的肉冠。明人李时珍《本草纲目·鸡冠》:“鸡冠，处处有之。三月生苗。入夏高者五六尺，矬者才数寸……六七月梢间开花，有红、白、黄三色。其穗圆长而尖者，俨如青葙之穗；扁卷而平者，俨如雄鸡之冠。”

金银藤 [1]

即左缠藤。凡蔓本皆右缠，惟此花左缠，故名。花有黄色、白色，故有金银之称。性凉，微香。有尽白者，入药甚佳。近又有红色者，四季皆有花，惜不甚香。

◎ 译文

也就是左缠藤。藤蔓类植物都是向右缠绕，只有金银藤向左缠绕，因此有了这个名字。花有黄、白两色，所以才被称为“金银”。性凉，有微香。全白的花入药效果非常好。近来又有开红色花的，四季都开花，可惜不是很香。

[注释]

[1] 金银藤：即忍冬。多年生常绿灌木，三月开花，初开时白色，后变为黄色，故名金银花。可入药，有清热解毒的功效。明人李时珍《本草纲目·忍冬》："其花长瓣垂须，黄白相半，而藤左缠……花初开者，蕊瓣俱色白；经二三日，则色变黄。新旧相参，黄白相映，故呼金银花，气甚芬芳。"古代有金银花、鸳鸯藤等多个名称，宋人施宿《会稽志·草部》："忍冬，一名'老翁须'，一名'金银藤'，一名'毛藤'，一名'鹭鸶藤'，一名'鸳鸯藤'。"

金银花

月季[1]

此花无月不开，冬夏花色稍减，亦不爽信[2]。古人比此花若妇女信水[3]，故又名“月月红”。采花入药，为妇女调经妙剂。花有紫色、红色、淡①红色、白而红边者、白而有绛色点者、白而带黄者、白而带浅绿者。然入药当以鲜红者为佳，赏玩当以纯黄、纯白者为上。又有水红色者，花如碗大，名曰“宝相”，为最上品。

[校记]

① 原文作“澹”。表示颜色的深浅时，这两个字在古书中可以通用。现代大多用“淡”字，下文均改正。

◎ 译文

这种花每个月都盛开，冬夏两季的花色稍逊，却从不失信，古人把这种花比作妇女的月经，所以又称“月月红”。把花采下来入药，是妇女调理月经的良药。花有紫色、红色、浅红色、白色带红边、白色有红点、白色带黄、白色带浅绿等颜色。不过，如果用来入药，鲜红色的是最好的；如果用来观赏，纯黄、纯白的才是最好的。还有一种水红色的，花像碗口一样大小，名字叫作“宝相”，是最上等的品种。

月季

[注释]

[1] 月季：多年生常绿或半常绿灌木植物。茎秆有刺，叶子椭圆形，边缘有锯齿。四季开花，花色繁多，气味芬芳。花、根、叶均可入药。因为每月都开花，所以俗称为“月月红”“长春花”“四季花”等。清人陈淏子《花镜·月季》:“月季，一名‘斗雪红’，一名‘胜春’，俗名‘月月红’。藤本丛生，枝干多刺而不甚长，四季开红花，有深、浅、白之异，与蔷薇相类，而香尤过之。”

[2] 爽信：失信。明人冯梦龙《警世通言》:“若过了中旬，迟到季秋月分，就是爽信，不为君子。”

[3] 信水：指妇女月经。因为每月准时来临而得名。清人蒲松龄《聊斋志异·侠女》:“本期一索而得，不意信水复来，遂至破戒而再。”

荼蘼[1]

有黄、白二色。有花大如盘，有蓓蕾而丛生者，有有刺者，有无刺者。开时与芍药不争迟速，故前人诗有“开到荼蘼花事了”[2]。性爱缘墙绕壁，竟不宜于盆。

荼蘼

◎ 译文

荼蘼花有黄色、白色两种。有的花大得就像盘子，有的含苞待放聚集在一丛，有的有刺，有的没刺。开花时像芍药一样不争快慢，所以，前人有“开到荼蘼花事了”的诗句。荼蘼天性喜爱顺着墙壁生长，却不适合种在盆里。

[注释]

[1] 荼（tú）蘼（mí）：又名酴醾。蔓生小灌木，叶子呈椭圆形，六七月间开白色或黄色花，气味芬芳，果实深红色。古代有时也称“木香”，明人周文华《汝南圃史·酴醾》：“今人呼大者为酴醾，小者为木香。”古书中还有许多别名，清人汪灏《广群芳谱 · 酴醾》：“酴醾，一名‘独步春’，一名‘百宜枝杖’，一名‘琼绶带’，一名‘雪缨络’，一名‘沉香蜜友’。”

[2] 开到荼蘼花事了：意思是到了荼蘼花凋谢的时候，春天的花季就算结束了。出自宋代王淇《春暮游小园》：“一从梅粉褪残妆，涂抹新红上海棠。开到荼蘼花事了，丝丝天棘出莓墙。”

罂粟

罂粟 [1]

南人于藕花盛开、红白争艳之际，呼之曰“满池娇”[2]。一日，东鲁友人招玩“满池娇”。其时初夏，余欣然同往，所见非藕花，乃罂粟也。此花一名“米囊”，其壳能治鸦片烟瘾[3]。画士张锡嘏幕游[4]乌鲁木齐，携归其种（上声[5]）种之，花大如盘，五色兼备，与芍药争衡，竟不知鹿死谁手。

◎ 译文

南方人把莲花盛开、红白争奇斗艳的景象称为“满池娇”。一天，山东的朋友喊我去欣赏“满池娇”。当时正值初夏，我欣然前往，看到的却不是荷花，而是罂粟。这种花又称“米囊”，它的壳可以治疗鸦片烟瘾。画家张锡嘏在乌鲁木齐当幕僚的时候，带回了它的种子栽种，花大得像盘子，五彩斑斓，与芍药相比，竟不知谁更胜一筹。

[注释]

[1] 罂粟：一年生草本植物，夏季开花，花瓣四片，红、紫或白色。果实可制鸦片，有镇痛、镇咳和止泻作用，果壳亦可入药。明人周文华《汝南圃史·罂粟》：“罂粟结实，如罂贮粟，故名。或作莺粟者，非。一名‘御米’，又名‘米囊’。”罂是古代贮水或贮酒用的陶器。

[2] 满池娇：一种用于宫廷服饰、刺绣的图案，后来也用于装饰各种器物。它主要描绘的是莲池中以莲花为主的花、鸟景色，因而也成了莲花的别名。明人张昱《宫中词》：“鸳鸯鸂（xī）鶒（chì）满池娇，彩绣金茸日几条。”鸂鶒，一种比鸳鸯略大的紫色水鸟，俗称“紫鸳鸯”。

[3] 其壳能治鸦片烟瘾：罂粟壳中含有吗啡等物质，长期食用有可能上瘾，并引起慢性中毒。其他古书中没有见到用罂粟壳治疗鸦片烟瘾的说法。此处很可能存在文字方面的讹误。

[4] 幕游：在异乡当幕僚。清人袁枚《随园诗话补遗》卷6：“其人幕游客死，属余采数语入《诗话》中。”

[5] 上声：这是原书中的小字注文，意在说明前后两个“种”字的读音有所不同。古代汉字分为平、上、去、入四声，“种”字有上声、去声两个声调。

佛手[1]

此果来自西域。其形状似手，人多以“佛手”呼之。宇内惟福建、山东两省栽种得宜。福建当年结果，当年取以蜜浸，贾人觅利。山东有数年而不下者，其果有一枚而重数斤①者，人争购之以为玩。余尝购得旧宧家一白瓷瓮内所结十数果，每果重二三斤，色若淡金，碧叶扶疏[2]。询之，百年前物，诚巨观也。

佛手

[校记]

① 原文作“觔(jīn)”,“斤”字的古代写法,下文亦改正。

◎ 译文

这种果子来自西域。它的形状就像一只手,人们大多称之为“佛手”。天下只有福建、山东两省适合栽种。福建种植的佛手,当年就结果,当年采摘之后浸泡到蜂蜜水中,商人借此获利。山东种植的佛手有几年都不结果的,结出的果实有一颗就重达数斤的,人们争相购买赏玩。我曾经买到过一个官宦人家的白瓷瓮子,里边结了十几颗佛手,每颗都有两三斤重,淡淡的金色,枝叶十分茂盛。向别人询问以后才知道是百年前的东西,确实相当可观。

[注释]

[1] 佛手:即佛手柑,香橼的变种。常绿小乔木,高约一丈。茎上有刺,叶呈长圆形,花白色。果实像手掌,香味浓郁持久,可以入药。清人陈淏子《花镜·佛手柑》:“佛手柑一名‘飞穰’,产闽、广间,树似柑而叶尖长,枝间有刺,植之近水乃生。结实形如人手指,长有五六寸者。其皮生绿熟黄,色若橙而光泽,内肉白而无子,虽味短而香馥最久。置之室内笥(sì)中,其香不散。南人以此雕镂花鸟,作蜜煎果食甚佳。”笥,一种盛饭食或衣物的方形竹器。

[2] 扶疏:形容枝叶茂盛的样子。清人汪灏《广群芳谱·木兰》:“(木兰)似楠,高五六丈,枝叶扶疏,叶似菌桂,厚大无脊。”

夹竹桃[1]

山东名“柳叶桃”，盖其叶似柳而不似竹也。质[2]粗如碗，枝干婆娑[3]，高出檐际。一花数蕊，百枝齐放，周年不绝，一大观也。回视江南草木，真傀儡[4]耳。然性畏寒，蓄之不谨则无花矣。

◎ 译文

山东称为“柳叶桃”，大概是因为它的叶子像柳树而不像竹子。树干像碗那样粗，枝叶茂密，高过屋檐。一朵花有几个花蕊，上百枝一齐绽放，整年都不会停止，确实相当壮观。回顾江南草木，简直像木偶一样。但是，夹竹桃生性惧怕寒冷，如果养护不谨慎，就不会再开花了。

夹竹桃

[注释]

[1] 夹竹桃：常绿灌木，叶子狭长如竹，花桃红色或白色。叶、花、树皮都有毒性。清人汪灏《广群芳谱·夹竹桃》："夹竹桃，花五瓣，长筒，瓣微尖，淡红，娇艳类桃花，叶狭长，类竹，故名'夹竹桃'。"

[2] 质：形体，外貌。宋人王谠（dǎng）《唐语林》："见其人，质清秀，复览其文卷，深器重之。"

[3] 婆娑：形容枝叶茂密舒展。西晋嵇含《南方草木状》卷中："朱槿，花、茎、叶皆如桑，叶光而厚，树高止四五尺，而枝叶婆娑。"

[4] 傀儡：木偶。唐人吴兢《贞观政要·慎所好》："贞观七年，工部尚书段纶进巧人杨思齐至，太宗令试，纶遣造傀儡戏具。"此处形容缺乏生气。

石竹[1]

花有单瓣、丛瓣，色有紫、白。性喜阴湿，多傍墙坳砌角[2]，自春徂[3]秋，花开数次。又有洋石竹，本质若木，其叶如韭，中抽长茎，茎发数花，其色若丹砂[4]，较草本者有致。

◎ 译文

石竹花有单瓣、多瓣，颜色有紫色、白色。天性喜欢阴冷潮湿的地方，多生长在墙角或台阶边上。从春到秋，多次开花。还有一种洋石竹，枝干像树木，叶子像韭菜，叶子中间有长长的茎，每根茎上开着几朵花，花色就像朱砂一样，比草本的更有韵味。

石竹

[注释]

[1] 石竹：多年生草本植物。高不足一米，茎秆直立，叶子细长，花色为粉红色，有黑色斑点。明人王路《花史左编 · 石竹》："石竹有二种，单瓣者名'石竹'，千瓣者名'洛阳花'，二种俱有雅趣。"

[2] 墙坳（ ào）砌角：坳，低洼的地方。砌，台阶。

[3] 徂：到，及。《明史 · 五行志》："以自冬徂春雨雪不降，敕谕群臣亲诣山川坛请祷。"

[4] 丹砂：即朱砂、辰砂，是汞的硫化物矿物，颜色为红色。

荷包牡丹 [1]

叶似牡丹，挺抽数干，一干数花。花淡红婉媚，枝枝下垂。宜于磁盎，为秋海棠之先声。

◎ 译文

叶子像牡丹，茎干挺直地长出几根花枝，每根花枝上有几朵花。花色粉红妩媚，花枝下垂。适宜栽种在瓷盆中，是秋海棠开花的前兆。

[注释]

[1] 荷包牡丹：多年生草本植物。叶子与牡丹相近，花呈心形，像荷包一样垂在花枝，因而得名。清人吴其浚《植物名实图考》："荷包牡丹，一名'鱼儿牡丹'，以其叶类牡丹，花似荷包，亦以二月开因是得名。一干十余朵，累累相比，枝不能胜压。"

荷包牡丹

绣球①[1]（襄阳红附）

唐诗云："信道阳春真有脚，因风踢上树梢头。"[2] 盖咏其木本绣球也。近有草本名"洋绣球"者，其叶稍团，由四月开至八月，花与木本相似，而颜色过之。尤奇者，一月一转其色，四月纯白，五月带红，六月浅红，七月茄紫，八月则蓝色矣。山左所呼"洋绣球"者，非绣球也，乃湖广之"襄阳红"[3] 也，其叶似秋海棠，色尤深碧，花亦非球状，若馒首[4]。葳蕤[5] 丛缀，紫粉无香。其叶味不可近。或云有黄色、白色，惜未之见。

[校记]

① 原文作"绣毬"，是"绣球"在古代的习惯性写法，下文均改正。

◎ 译文

唐诗里说："信道阳春真有脚，因风踢上树梢头"。这首诗说的大概就是木本绣球了。近来有一种名为"洋绣球"的草本植物，叶子稍稍聚成团形，花期从四月一直到八月，与木本绣球相似，但是颜色更好看一些。尤为奇特的是，它的花色每个月都会变化，四月是纯白色，五月带点红色，六月变成浅红色，七月变成茄紫色，八月则变成蓝色了。山东人所说的"洋绣球"，实际上并不是绣球，而是湖广一带所说的"襄阳红"。它的叶子像秋海棠，颜色更加深碧，花的形状也不是球形，而是像馒头。枝叶繁茂，花是一丛一丛的，紫色或者粉色，没有香味。叶子的气味很难闻，大家根本不愿靠近。有人说还有黄色、白色的品种，可惜我还没有见过。

绣球

[注释]

[1] 绣球：落叶灌木。叶子椭圆形，边缘有锯齿。四五月间开花，花色有白色、淡红色、蓝色等。花开之后，数十朵小花团聚成球状，因而得名。清人吴其濬《植物名实图考》："粉团，出于闽，故俗呼'洋绣球'。其花初青，后粉红，又有变为碧蓝色者，末复变青。一花可经数月，见日即萎，遇麝即殒，置阴湿秽溷，则花大且久，登之盆盎违其性。"

[2] 信道阳春真有脚，因风踢上树梢头：意为"仿佛春风真地长了脚，将一团团花踢上了树"。这两句诗不见于《全唐诗》，化用的是唐代宰相宋璟的典故。宋璟爱民恤物，时人称赞他就像长了脚的春天，到处带来温暖。五代王仁裕《开元天宝遗事·有脚阳春》："宋璟爱民恤物，朝野归美。人咸谓璟为'有脚阳春'。言所至之处如阳春煦物也。"

[3] 襄阳红：这里指的应该是天竺葵，古代也称为"洋绣球"。多年生草本植物，高不足一米，叶片呈圆形，花多为红色，伞状花序。

[4] 馒首：即馒头。

[5] 葳（wēi）蕤（ruí）：形容树木枝繁叶茂的样子。清人王士禛《池北偶谈》："有兰寄生，长松杈桠间，可径丈，葳蕤四垂，时正作花，香闻远近。"

芙蓉①[1]

木本者，其大如树，荆南[2]有之。花开烂然，大如盘碗。尝在宝庆[3]与谭铁箫太守对酌花下，余歌《玉芙蓉》南曲一阕，太守吹铁箫和之，今十稔[4]矣。草本者，其干若麻②，花皆单瓣，色亦柔媚可观，江浙③近水处多有之。

[校记]

① 原文作“芙容”，是“芙蓉”在古代的习惯性写法，下文均改正。

② 原文作“蔴”，“麻”字的古代写法，今改正。

③ 原文作“淛”，“浙”字的古代写法，今改正。

◎ 译文

木本的芙蓉，像树一样粗大，生长在湖南一带。花开时非常灿烂，像碗盘那么大。我曾经在宝庆和谭铁箫太守在花下饮酒，我唱了一首南曲《玉芙蓉》，太守吹着铁箫与我相和，距今已经十年了。草本的芙蓉，枝干像麻，花都是单瓣的，花色也柔媚耐看，江浙一带靠近水的地方大多都能见到。

[注释]

[1] 芙蓉：即木芙蓉，生长在陆地的芙蓉花。落叶灌木或小乔木，叶子呈椭圆形，秋季开花，是常见的园林观赏植物。“芙蓉”最初指荷花，

因为木芙蓉的花与荷花相近，故而得名。宋人陈景沂《全芳备祖·芙蓉花》："产于陆者曰'木芙蓉'，产于水者曰'草芙蓉'，亦犹芍药之有草木也。唐人谓木芙蓉为'木莲'，一名'拒霜'，其木丛生叶大，而其花甚红，九月霜降时候开。东坡为易名曰'拒霜'。"根据木芙蓉花的颜色又可以分为：红芙蓉，花色大红；白芙蓉，花色洁白；五色芙蓉，色红白相嵌；醉芙蓉，早上白色，中午变浅红，晚上变深红，又称"芙蓉三变"。

[2] 荆南：早期指以荆州为中心的湖北一带，包括荆、归（今湖北秭归）、峡（今湖北宜昌）三州，清代扩大到了今天的湖南一带。

[3] 宝庆：今湖南邵阳。宋朝始称宝庆，民国时期改为今名。

[4] 稔（rěn）：本来指庄稼成熟，因为庄稼大多一年一熟，所以引申为一年，十稔也就是十年。宋人李纲《申督府密院相度措置虔州盗贼状》："自军兴以来，啸聚为盗，招捕殆将十稔，终未殄（tiǎn）灭。"殄灭的意思是灭绝、消灭。

木芙蓉

五月菊

五月菊[1]（孩儿菊、僧鞋菊附）

《月令》所谓“菊有黄华”者[2]，秋菊也。其五月菊花、叶皆异色，有蓝、白、红三色。其所异者，独无黄色。此天工之造物也。余爱读前人咏五月菊云“似嫌陶令醉，来就屈原醒”[3]，真可悬之国门[4]。又有孩儿菊[5]，色黄而小，与浙之茶菊[6]相似。又有僧鞋①菊[7]，亦雅观也。

[校记]

① 原文作"鞵"，是"鞋"字的古代写法，今改正。

◎ 译文

《月令》所说的开黄花的菊花，指的是秋菊。五月菊的花、叶都是很特别的颜色，有蓝、白、红三种，奇特之处在于唯独没有黄色，确实是大自然的巧妙造化。我喜欢诵读前人吟咏五月菊的诗句"似嫌陶令醉，来就屈原醒"，这真称得上"悬之国门，不易一字"的诗句了！还有一种名为孩儿菊的，花为黄色，外形很小，与浙江的茶菊很相像。另一种叫僧鞋菊，也是很雅致的。

[注释]

[1] 五月菊：即翠菊，古人称五月翠菊。菊科翠菊属，一年生或两年生草本植物，高不足一米，直立生长，顶端开花。每朵花的花瓣外部长有绿色小叶片，所以叫翠菊，花蕊都为黄色，花色很多，有蓝色、红色、白色等。清人汪灏《广群芳谱·翠菊》："翠菊，一名佛螺，一名夏佛顶，蓓蕾重附，层叠似海石榴花，其花外夹瓣，翠而紫，中铃萼而黄，径寸有半，开于四五月，每雨后及晡时，光丽如翠羽，开最久。"

[2]《月令》所谓"菊有黄华"者：《礼记》是研究先秦典章制度及儒家思想的重要著作，大约成书于汉代。"菊有黄华"出自其中的《月令》篇："季秋之月，鞠（即菊）有黄华。"意思是菊花九月开放。季秋，指秋天的第三个月，也就是九月；鞠、华分别是菊、花的古代写法。

[3] 似嫌陶令醉，来就屈原醒：这两句诗出自宋人赵与虤《五月菊》："为嫌陶令醉，来伴屈原醒。"字面略有改动。陶令指东晋诗人陶渊明，

浔阳柴桑（今江西九江）人。他曾经担任彭泽县令，后来弃职而去，归隐田园。他的不少诗句都与菊花和酒有关，如“采菊东篱下，悠然见南山”“我屋南窗下，今生几丛菊”“酒能祛百虑，菊能制颓龄”等。屈原是战国时期楚国诗人，秦国灭楚后，屈原自沉汨罗江，以身殉国。其诗《渔父》有“举世皆浊我独清，众人皆醉我独醒”之句。

[4] 悬之国门：这里用的是战国人吕不韦的典故，他把自己写的《吕氏春秋》挂在城门上，声称如果有人能增减一字就赏赐千金。后世用“悬之国门，不易一字”形容文句精妙。

[5] 孩儿菊：多年生草本菊科植物。叶子卵圆形或披针形。秋季开白花。茎叶有香气。清人陈淏子《花镜 · 孩儿菊》：“孩儿菊，一名‘泽兰’。花小而紫，不甚美观。惟嫩叶柔软而香，置之发中，或系诸衣带间，其香可以避炎蒸汗气，妇女多佩之，乃夏月之香草也。”

[6] 茶菊：即甘菊。多年生草本植物，茎秆细长柔软，花朵很小，约指甲盖大小，花瓣为白色，花蕊为黄色。清人汪灏《广群芳谱 · 甘菊》：“甘菊，一名‘真菊’，一名‘家菊’，一名‘茶菊’，花正黄，小如指顶，外尖瓣，内细萼，柄细而长，味甘而辛，气香而烈，叶似小金铃而尖。”

[7] 僧鞋菊：多年生草本植物，叶子似菊叶有分叉，秋天开蓝紫色花，茎叶均有毒，根即附子，含剧毒，可入药。清人陈淏子《花镜 · 僧鞋菊》：“僧鞋菊，一名‘鹦哥菊’，即西番莲之类。春初发苗如蒿艾，长二三尺。九月开碧花，其色如鹦哥，状若僧鞋，因此得名。”明人李时珍《本草纲目 · 附子》：“其母名曰乌头。初种为乌头，像乌之头也，附乌头而生者为附子，如子附母也。”

金钱

洛阳金钱 [1]

一名“日落金钱”，盖午时开，酉时落[2]也。花赤红色，五出，若瓯[3]，干高尺许。假以矾石[4]陪衬，亦可玩。

◎ 译文

洛阳金钱又叫“日落金钱”，大概是因为它午时开花、酉时凋谢的缘故。花赤红色，有五瓣，形状像碗，枝干高一尺左右。如果用矾石陪衬，也可以赏玩。

[注释]

[1] 金钱：金钱花的省称。多年生草本植物。叶呈针形或长椭圆形。花有黄、红二色，圆如铜钱，故得名。又叫“旋覆花”“金沸草”。据唐人段成式《酉阳杂俎》记载，梁武帝大同年间将其从国外引入，当时，如果有人赌博输光了钱，就用这种花当钱使用。明人李时珍《本草纲目·旋覆花》:“六月开花如菊花，小铜钱大，深黄色。上党田野人呼为‘金钱花’，七八月采花。”此花因为午时开放，子时凋谢，所以又有“子午花”“午时花”“夜落金钱”等名称，清人陈淏子《花镜·夜落金钱》:“夜落金钱，一名‘子午花’。午间开花，子时自落，有二色。吴人呼红者为金钱，白者为银钱。”清人于琳《咏夜落金钱花》:“深红点点映重茵，开到金钱花转新。夜静露浓和月落，明朝愁杀采花人。”本文所谓“日落金钱”，如果真的是“午时开，酉时落”，开花的时间更为短促，这个名称也就没有什么问题。但是，由于其他文献中没有这一名称，也可能是“夜落金钱”的传抄之误。

[2] 午时开，酉时落：古代把一昼夜均分为十二个时段，每个时辰等于现在的两小时，分别用子、丑、寅、卯、辰、巳、午、未、申、酉、戌、亥表示。午时相当于现在的11点至13点，酉时相当于现在的17点到19点。

[3] 瓯：碗形饮具。南唐李煜《渔父》词：“花满渚，酒满瓯。”

[4] 矾石：含有明矾成分的石头，可用于盆景造型。

茄瓜[1]

此茄得之陕州[2]。干、叶、花、蒂无一不茄，惟结实乃王瓜[3]耳。然种三五本，其瓜青、白、黄相间，别有风趣。又有一种名“天茄”[4]，形若鸽卵，可酱食。

◎ 译文

这种茄子出自陕州。枝干、叶子、花、花蒂没有一个地方不像茄子，只有结出的果实像王瓜。种上三五棵，结出的茄瓜上，青、白、黄三色相间，别有一番趣味。还有一种叫“天茄”的，形状像鸽子蛋，可以腌制以后食用。

[注释]

[1] 茄瓜：古书中很少记载，根据这段文字的描述，出产于豫西地区，可能是茄子与其他瓜类嫁接后的茄子品种。枝干、叶子、瓜蒂、花都像茄子，果实则与王瓜相近，表皮上有青、白、黄相间的条纹。与今天所说的茄瓜有所不同。

[2] 陕州：古代行政区划名，在今河南三门峡市。北魏孝文帝始设，隋代改为陕县，唐朝以后仍称为陕州。

[3] 王瓜：多年生草质藤本植物，果实为椭圆形，成熟后呈红色，果实上有西瓜般条纹。古书中有很多别名，清人汪灏《广群芳谱》：“王瓜，一名‘土瓜’，一名‘野甜瓜’，一名‘马瓟瓜’，一名‘赤雹子’，一名‘老鸦瓜’，一名‘师姑草’，俚人名‘公公须’。”

[4] 天茄：即丁香茄，又名天茄子。一年生草本植物，叶子与牵牛花相近，可作蔬菜，果实小而圆，可腌制或蜜制。明人朱橚《救荒本草 · 丁香茄儿》：“亦名天茄儿，延蔓而生，人家园篱边多种。茎紫多刺，藤长丈余，叶似牵牛叶，甚大而无花。”天茄儿也就是天茄子。

子午莲 [1]

藤本，蔓生。花瓣六出，淡粉绿色，大如酒盏，花须周匝 [2]，上黄下紫，蠕蠕若动。午开子谢，亦奇品也。

睡莲

◎ 译文

子午莲是藤本蔓生的植物。花有六瓣，呈淡淡的粉绿色，像酒盏一样大，花蕊缠绕一周，上面是黄色，下面是紫色，就像一直在蠕动。午时开花，子时凋谢，也是一个奇特的品种。

[注释]

[1] 子午莲：一种中午开花、夜晚凋谢的莲花品种。清人赵学敏《本草纲目拾遗》卷7认为就是李时珍《本草纲目》中的睡莲："子午莲，《纲目》水草部，入苹，以为此即大叶之苹也……今浙人呼为子午莲。较荷而小，缺口不圆，入夏开白花，午开子敛，子开午敛，故名。"清人吴其浚《植物名实图考》认为是睡莲科的莐碧花，但与此处描述的"藤本""蔓生""花瓣六出""花须周匝"等特征不完全一致。

[2] 周匝：环绕一周。清人李斗《扬州画舫录 · 草河录上》："傍花村居人多种菊，薜萝周匝，完若墙壁。"

铁线莲

铁线莲 [1]

藤本，其梗劲如铁线。花与子午相似，惟花须不能转动，开可夹旬，此稍异耳。

◎ 译文

铁线莲是藤本植物，它的梗坚韧得像铁线。花和子午莲相似，唯一不同的是它的花须不能转动。花期约有十天，这是和子午莲稍稍不同的地方。

[注释]

[1] 铁线莲：落叶或常绿莲属植物，叶子为椭圆形，花色繁多，多为六瓣。清人陈淏子《花镜·铁线莲》："铁线莲，一名'番莲'，或云即'威灵仙'，以其木细似铁线也……叶类木香，每枝三叶对节生，一朵千瓣，先有包叶六瓣，似莲先开。内花以渐而舒，有似鹅毛菊。"

夜合[1]

鲁人呼紫荆花为“夜合”，又呼马缨为“夜合”。尝读蒋南沙[2]所绘条幅粉本[3]，花叶皆似百合。然百合开时绝无香气[4]，马缨、紫荆亦不甚香。唐人窦叔向诗云：“夜合花开香满庭[5]。”下一“满”字，其香可知，且结句似二三月光景，而百合、马缨、紫荆皆非二三月所开。或曰百合红纹香淡，夜合色蜜香秾[6]，未知孰是。

◎ 译文

山东人把紫荆花叫作“夜合”，也称马缨花为“夜合”。我曾经看过蒋南沙的条幅画作，花叶都像百合。但是百合开花时肯定没有香味，而马缨花、紫荆花也不是很香。唐人窦叔向的诗句“夜合花开香满庭”，用到了一个“满”字，它的香气可想而知，结尾的诗句描绘的似乎是二三月的景象，百合、马缨、紫荆都不是二三月份开花。有人说百合是红色的，香气很淡；夜合是蜜色的，香气浓郁。不知道哪个说法是正确的。

[注释]

[1] 夜合：百合的品名。多年生草本植物。花呈喇叭形，有白、粉、橘等色，地下鳞茎供食用，亦可入药。明人李时珍《本草纲目·百合》：“百合一茎直上，四向生叶，叶似短竹叶，不似柳叶。五六月茎端开大白花。”夜合是百合的品种之一，清人陈淏子《花镜》：“夜合，一名‘摩罗春’，一名‘百合’，苗高二三尺，叶细而长，四面攒枝而上，至梢始着花，四五月开。”

百合

[2] 蒋南沙：即蒋廷锡（1669—1732），字酉君、扬孙，号南沙。江苏常熟人。清代中期著名的宫廷画家，擅长花鸟写生。

[3] 粉本：古人作画，先施粉上样，然后依样落笔，故称画稿为粉本。指古代绘画的稿本。元人夏文彦《图绘宝鉴》卷1：“古人画稿谓之粉本，前辈多宝蓄之。盖其草草不经意处，有自然之妙。”也可以指画作。清人曹寅《寄姜绮季客江右》诗：“九日篱花犹寂寞，六朝粉本渐模糊。”

[4] 百合开时绝无香气：百合开花时香味浓郁，特别还有个品种叫“香水百合”，因此推断文中所说的夜合应为百合，而这里所说的“百合”似乎并不是今日的百合。

[5] 夜合花开香满庭：这是唐代诗人窦叔向的诗句。窦叔向，字遗直，京兆（今陕西扶风）人，生卒年不详。历任左拾遗、内供奉等职，以五言诗知名于世。这句诗出自《夏夜宿表兄话旧》：“夜合花开香满庭，夜深微雨醉初醒。远书珍重何曾达，旧事凄凉不可听。去日儿童皆长大，昔年亲友半凋零。明朝又是孤舟别，愁见河桥酒幔青。”

[6] 秾（nóng）：形容花木香气浓郁。元人杨弘道《兰》：“秀色亦知归菡萏，秾芳未必胜玫瑰。”

榴 [1]

余性喜榴，尤喜其矬而壮者，仍要枝叶相当，不假剪扎。蓄有大红者、桃红者、水红者、洁白者。一日，有任城[2]花贾携一株深黄色者，饰以五彩瓷盆，略加碎石，较所蓄者愈觉古雅，乃以旧锦琴囊易得之，置诸几案，直可使人忘暑，然皆不能结实。矬而结实者惟月榴，月榴乃月月开花之榴，实虽熟而不可食。可食者，其大若树，开单花，有甜榴、有酸榴、有冰糖榴，有罡榴，剖之，一房仅三十六子者为最佳。间有双花结实者，皆酸榴耳。

石榴花

◎ 译文

我生性喜欢石榴，尤其喜欢矮小粗壮的石榴，还要枝叶相得益彰，没有进行过修剪、捆扎的。我种的石榴有大红色的、桃红色的、水红色的、纯白色的。有一天，一位任城花商带来了一株深黄色的石榴，放在五彩的瓷盆里，稍微加了一些碎石，比我所收集的那些更加古朴雅致，就用一个旧的锦琴袋子交换过来了。我把它放在书桌上，真的能够让人忘掉暑热，不过，这些石榴都不能结出果实。矮小又能结果的只有月榴，月榴就是每月都能开花的石榴，果实就算熟了也不能吃。可以吃的品种，像树一样高大，开单瓣的花，有甜榴、酸榴、冰糖榴。有一种叫罡榴的，剖开之后，里面只有三十六个子，这种是最好的。还有开两朵花结果的，都属于酸榴。

[注释]

[1] 榴：即石榴。落叶乔木或灌木，叶子椭圆状，花橘色，夏天开花，秋天结果。也指石榴树的花和果实。一般认为是汉代张骞从安石国带回，晋人张华《博物志》："张骞使西域还，得大蒜、安石榴、胡桃、蒲桃。"安石即安息国，在今伊朗东北部。石榴在古代有多个名称，清人陈淏子《花镜·石榴》："石榴，一名'丹若'，一名'金罂'。又一种味最甜者名'天浆'。"

[2] 任城：古代县名。始设于秦，今属山东济宁市。

金盏[1]

状如莴苣，花有深黄、浅黄二种，江左[2]谓之“长春”，盖四季皆有花。近见一种，其花肥大，花开后周遭另生数朵，错杂而舒，亦奇卉也。

◎ 译文

金盏花的形状就像莴苣，花朵有深黄色、浅黄色两种。江东人称为“长春”，大概是因为四季开花。我最近见过一种金盏，花朵肥大，开花之后周围又长出几朵小花，高低错落，舒展有致，也是很奇特的花卉了。

[注释]

[1] 金盏：即金盏花。两年生草本菊科植物，原产于欧洲南部和地中海沿岸。叶片细长，花为橙色或黄色，生于顶端，四季开花，又名常春花、长春花、长生菊。明人周文华《汝南圃史 · 金盏》：“金盏，花如小盏，与单叶水仙同，故名‘金盏’，叶浅绿，花红黄色，盖草类也。植阑槛间，艳丽可爱。八月中下种即出，腊月开花，至春尤盛，四时相继不绝，故又

金盏

名‘常春花’。”

[2] 江左：即江东，指长江下游以南地区，曾属于东晋及南朝宋、齐、梁、陈各国的统治地区。清人魏禧《日录·杂说》：“江东称江左，江西称江右，何也？曰：自江北视之，江东在左，江西在右耳。”

秋海棠

秋海棠 [1]

一名“断肠花”，世传思妇所化，此齐东语也。花有红、白二种，丰姿绰约[2]，亦花之妖艳者也。

◎ 译文

秋海棠又叫“断肠花”，世人传说是思念丈夫的妇人化成的，这是山东东部的说法。花色有红、白两种，风姿婉约柔美，是一种很妖艳的花。

[注释]

[1] 秋海棠：多年生草本植物，叶子圆形，七八月间开花，花浅红色。又名“断肠花”。明人周文华《汝南圃史·秋海棠》：“相传昔有女子怀人不至，涕泪洒地，遂生此花，色如妇面，名‘断肠花’。”

[2] 绰约：形容姿态婉媚。清人洪升《长生殿》：“轻盈臂腕消香腻，绰约腰身漾碧漪。”

紫薇

紫薇 [1]

红花者俗名“百日红”，白花者俗名“百日粉”。其实红者名“紫薇”，唐翰苑[2]甚重其花，故诗云“紫薇花对紫微郎”[3]是也。白者名“银薇”，蓝色者名“翠薇”，南方有之。

◎ 译文

红色的紫薇花俗称“百日红”，白色的紫薇花俗称“百日粉”。红色的其实应叫“紫薇”，唐代的翰林院十分看重这种花，因而有了“紫薇花对紫微郎”的诗句。白色的紫薇叫“银薇”，蓝色的叫“翠薇”，生长在南方。

[注释]

[1] 紫薇：落叶灌木或小乔木，树干光滑，叶子较小，顺着枝干排列生长，花开于树枝顶端，多为粉红色、红色。清人汪灏《广群芳谱》："紫薇，一名'满堂红'……一名'百日红'，四五月始，花开谢接续可至八九月，故名。一名'怕痒花'，人以手抓其肤，彻顶动摇，故名。一名'猴刺脱'，树身光滑……北人呼为'猴郎达树'，谓其无皮，猿不能捷也。"郎达，也就是难达。

[2] 翰苑：即翰林院，官署名称。始设于唐代，掌管宫廷中的文艺、技术等事宜。后来，名称、职责均有所变化。明清时期，主要负责国史编修、诰命起草制作等。

[3] 紫薇花对紫微郎：出自唐人白居易《紫薇花》："丝纶阁下文章静，钟鼓楼中刻漏长。独坐黄昏谁是伴，紫薇花对紫微郎。"紫微郎，唐代中书舍人的别称，是当时最高政务机关中书省里的一个官职。《唐书·百官志》："开元元年改中书省曰'紫微省'，中书令曰'紫微令'。"紫微即紫微星，也就是北极星，古代被视为帝王的象征。

迎春[1]

近春发花，故得是名。北地园亭多铺满地，故不甚重。贩花者蓄其壮，随其形，剪扎成林，饰①以佳器，与腊梅、水仙诸品颉颃[2]而列，亦三冬[3]雅玩也。

[校记]

① 原文作“餙”，是“饰”字的另一种写法，今改正。

◎ 译文

迎春花临近春天开花，因而有了这个名字。北方园林亭台中满地都是，所以不是很贵重。卖花的小贩养大以后，按照它的形状剪扎成捆，用好看的器具装饰，可与腊梅、水仙等相提并论，也是冬天赏玩的雅趣。

迎春花

[注释]

[1] 迎春：木樨科素馨属，落叶灌木植物，枝条长，叶子很小，呈椭圆状，花生于叶腋，黄色，如指甲盖大小，2—4月开花，花开最早，因此叫迎春花。又名腰金带。清人陈淏子在《花镜》中说："迎春花，一名'腰金带'，丛生，高数尺，方茎厚叶，开最早，交春即放，淡黄花，形如瑞香。"

[2] 颉（xié）颃（háng）：形容分不出高低。明人徐霞客《徐霞客游记》："其北正与相山对，而西南则中华山欲与颉颃，东与南俱有崇嶂，而道士不能名，然皆不能与华盖抗也。"

[3] 三冬：冬季三个月的合称。明人徐光启《农政全书 · 谷部上》："荒俭之岁于春、夏月，人多采掇木萌、草叶，聊足充饥。独三冬、春首最为穷苦，所恃木皮、草根实耳。"木萌，刚刚长出的小树苗。

天竺 [1]

谱云“其叶似竹”，真大谬矣，叶与月季、荼蘼相似。或云，阑天竹别是一种。花无可赏，惟累累之实，色若丹砂，颇耐霜雪。至言能避火灾，未知确否。

◎ 译文

竹谱说“天竺叶子像竹叶”，确实是很大的错误。天竺的叶子和月季、荼蘼相似。也有人说阑天竹是另外一种植物。天竺的花没有观赏性，只有像朱砂一样的累累果实，很耐霜雪。至于说天竺能够避火灾，不知道是不是可信。

[注释]

[1] 天竺：即天竺子，常绿小灌木，叶子呈椭圆形或披针形，春天开花，花为白色有香味。秋冬间结出成串的果实，成熟时呈红色。由于南方不少方言中声母 n、l 相混，竹、竺、烛三字的读音又相同，所以形成了阑天竹、南天烛、南天竹等多个不同的名称，清人汪灏《广群芳谱 · 阑天竹》：“一名‘大椿’，一名‘南天竺’，一名‘南天烛’。干生年久，有高至丈余者。”古人认为种在庭院里可以避火，明人高濂《遵生八笺 · 阑天竹》：“生诸山中，叶俨似竹，生子枝头成穗，红如丹砂，经久不脱，且耐霜雪。植之庭中，可避火灾。”

旱莲叶 [1] （翠爵附）

俗名“大虹桥”[2]，盖养花之家住大虹桥侧。初得此花，人争买而未识其名，随口因地名呼之，至今遂为花之名矣。其质非藤非蔓，袅娜柔弱，延缘而生。叶似新荷出水，花若飞来，蒂不由梗。红、黄二色，四季有花。近见山左有名“翠爵”者，花色似靛[3]，其势亦若飞来，惟叶有类蘼[4]、蒿耳，花亦惟四月能开。

旱地莲

◎ 译文

旱莲叶，俗称“大虹桥”，大概是因为养花的人家住在大虹桥旁边，刚刚养出来的时候，世人争相购买却不知道它的名字，随口借地名称呼它，到现在就变成花名了。它的花质既不像藤生也不像蔓生，袅娜柔弱，沿着墙边生长。叶子犹如刚出水的荷叶，花就像正在飞来的样子，花蒂不是沿着花梗长的。有红、黄两色，四季都开花。不久前，还看见过山东的一种名叫“翠爵”的花，花色靛青，花姿也像正在朝着人飞翔，叶子有些像芎藭、茼蒿，也是四月才能开花的。

[注释]

[1] 旱莲叶：“大虹桥”这一植物名称，未见于历代古书。根据此处的描述，是民间培育的旱莲品种，很可能就是莲属植物旱地莲，又叫旱金莲、金莲花、金芙蓉等。多年生蔓生草本植物，叶子为圆形，花有红、黄两色。清人吴其濬《植物名实图考》：“金莲花，直隶圃中有之，蔓生，绿茎，脆嫩，圆叶如荷，大如荇叶。开五瓣，红花，长须茸茸，花足有短柄，横翘如鸟尾，京师俗呼‘大红鸟’……金莲花，一名‘金芙蓉’，一名‘旱地莲’。”

[2] 大虹桥：在今扬州市区的瘦西湖上，是远近闻名的旅游景点。始建于明代崇祯年间，原名“红桥”，因四周有红色栏杆而得名。清乾隆元年（1736年）木桥改建为石桥。清代文人有不少吟咏之作，如王士禛《冶春绝句》：“红桥飞跨水当中，一字栏杆九曲红，日午画舫桥下过，衣香人影太匆匆。”

[3] 靛（diàn）：即靛青，用蓼蓝的叶发酵而成的深蓝色染料，染出的布不容易褪色。

[4] 藭（qióng）：即芎藭，多年生草本植物，叶似芹，秋天开白花，有香气。根茎皆可入药。以产于四川者为佳，故又名“川芎”。

芦[1]

此花无可纪说，然于山水之际，登于岑楼[2]，万顷萧萧，冷风斜日，闻呜呜角声，有无限悲凉之感，回忆绿酒红镫[3]，凭香肩而观芍药，真天远矣。

◎ 译文

这种花没什么可以记述的。在山水相交之地，登临高楼，看万顷碧波，萧条寂静，冷风斜阳中，角声呜呜，悲凉之感油然而生。回想昔日灯红酒绿中，倚美人而观芍药，真的是恍如隔世了。

[注释]

[1] 芦：即芦苇，禾本科芦苇属，多年水生或湿生植物，茎秆较长，中间为空心，花呈白色穗状，生长在江河湖泊岸边或湿地中。

[2] 岑楼：高楼。明人陆深《绿雨楼铭》："客有出安福巷者，见岑楼突起，有槐覆于北檐，问曰：'此谁氏之居也？'"

[3] 镫：即膏镫，古代的照明用具，上有盛膏的盘子，中有插烛的柱子，下有供手托拿的底座。也泛指各种油灯。唐人王建《夜看扬州市》："夜市千镫照碧云，高楼红袖客纷纷。"

蒲萄[1]

余有三株，皆植于盆。春花纂纂[2]，秋实累累，风味佳甚。其一碧色而长者，马乳蒲萄[3]也。其一紫色尖而下垂者，西藏蒲萄也。其一淡绿色细圆无核者，琐琐蒲萄[4]也，叶亦小异。

◎ 译文

我有三株葡萄，都种在盆里。春天花朵繁盛，秋天果实累累，风味十足。其中细长而呈绿色的是马乳葡萄，形状尖尖下垂而呈紫色的是西藏葡萄，细圆无核而呈淡绿色的是琐琐葡萄，它的叶子也和其他品种略有不同。

[注释]

[1] 蒲萄：即葡萄。落叶藤本植物，花为黄绿色，浆果呈圆形或椭圆形，成熟时多为紫色或青色。明人李时珍《本草纲目 · 葡萄》："《汉书》言张骞使西域还，始得此种，而《神农本草》已有葡萄，则汉前陇西旧有，但未入关耳。"

[2] 纂（zuǎn）纂：形容花朵聚集的样子。明人刘基《枣下何纂纂行》："枣花纂纂蜂蝶翻，枣实累累人满园。"

[3] 马乳蒲萄：葡萄品名。碧青色，形似马乳，因而得名。清人汪灏《广群芳谱 · 葡萄》："马乳葡萄，色紫，形大而长，味甘。"

[4] 琐琐蒲萄：葡萄品名。淡绿色，细圆无籽。清人汪灏《广群芳谱 · 葡萄》："琐琐葡萄出西番。实小如胡椒，今中国亦有种者。一架中间生一二穗。"

苹果[1]

树劲枝繁，花白而香，亦有粉红花者，果大如碗，甜脆香酥，最耐咀嚼。皮粗色红有斑点而微小者名“林檎”[2]，其味酸涩，竟不可食。皮色微润而再小者名“甜果”，别有佳境。若再小者名“花红”，可供茶品。

◎ 译文

苹果树干坚韧，枝叶茂盛，花呈白色而有香气，也有粉红色的。果实像碗一样大，甜脆香酥，很耐咀嚼。果皮粗糙而呈红色、果皮上有斑点、个头稍小的叫“林檎”，味道酸涩，不可食用。果皮稍微光润一些、个头更小的叫“甜果”，别有一番风味。个头再小一点的叫“花红”，可以用来泡茶。

[注释]

[1] 苹果：多年生落叶乔木，叶子呈椭圆形，春季开白色小花，果实为球形，成熟后为红色。古人往往把苹果、林檎、柰、花红都看成同一种水果。

[2] 林檎：即花红。落叶小乔木，花淡红色。果实为卵形或近球形，呈黄绿色带微红，是常见的水果。古人又称之为沙果、来禽、里琴等，认为它能吸引众禽，因而得名。实际上应该是外来语的音译，字面并没有特殊含义。

蓼[1]

蓼即水荭。叶大于掌，花攒粟穗，其质亭亭。大者似甘蔗，小者粗如拇指，然山坳水湄[2]之间不可无此。诗人美①其致云“红蓼花深水国秋”[3]者是也。北地园林往往点缀数丛于假山石畔，蜻蜓数枚上下其间，亦堪入画。

[校记]

① 原文作“媺”，是“美”字的古代写法，下文皆改正。

◎ 译文

蓼就是水荭。叶子比手掌还大，花朵像粟穗一样，亭亭玉立。粗一点的像甘蔗，细一点的像拇指，山坳水边从不缺少这种植物。诗人用“红蓼花深水国秋”来赞美它的情致。北方园林中，往往在假山旁边点缀几丛蓼花，几只蜻蜓在花间上下翻飞，也能构成一幅优美的画面。

蓼

[注释]

[1] 蓼（liǎo）：水草名。一年生或多年生草本植物，有水蓼、红蓼、刺蓼等。叶子呈椭圆形，茎秆直立而细，花为红色或白色，呈穗状。又名蓼萍草、水荭（hóng）、水江花。

[2] 漘（chún）：水边。宋人晁以道《京居秋感》："河漘依棹得风期，秦树湘云枉梦思。"

[3] 红蓼花深水国秋：出自唐代诗人罗邺《雁》："暮天新雁起汀洲，红蓼花开水国愁。想得故园今夜月，几人相忆在江楼。"罗邺，余杭（今浙江杭州）人，以七言诗见长，有诗集1卷存世。

秋葵

秋葵[1]

一名“鸡脚葵”,盖叶似鸡脚而名之。干长四五尺许,一箭数花,五出,黄色而艳。心亦五出,紫黑色,间有白色,甚难得。

◎ 译文

秋葵也叫“鸡脚葵”，因为叶子像鸡脚，所以有了这个名字。枝干长四五尺左右，一个枝头开几朵花，每朵有五瓣，花为黄色，色彩艳丽。花心有五个花蕊，紫黑色，偶尔也有白色的，十分罕见。

[注释]

[1] 秋葵：一年生草本植物。直立生长，叶子较大，花呈碗状，黄色或白色，果实绿色，形状像尖椒，长有细毛。可作蔬菜。又名金秋葵、黄秋葵、羊角豆等。明人吴彦匡《花史》:“秋葵色黄，叶如鸡足，放花于秋，与葵相似，故名秋葵。檀蒂白心，黄花绿叶。”

槐[1]

槐花皆黄色，独四季槐开紫花，花且不断。

◎ 译文

槐花都是黄色的，唯独四季槐开紫色花，并且一直开花。

[注释]

[1] 槐：即槐树。落叶乔木，叶子呈椭圆形，夏季开黄白色花，结圆筒形荚果。花和果实可以制作黄色染料。四季槐是槐树的品种之一，《陕西通志·物产二》："四季槐，叶似槐而有花，可供盆玩。"

槐花

牵牛花

牵牛[1]

田头、河畔，五六月开花，形若钟口，粉蒂翠片，每片有粉棱一线。梗似藤蔓，而叶有三歧。

◎ 译文

牵牛生长在田间、河边，五六月开花，形状好像钟口，粉色花蒂，叶片翠绿色，花瓣上有一线粉色的棱。它的梗像藤蔓，但是叶子有三个分叉。

[注释]

[1] 牵牛：即牵牛花。一年生草本植物，茎秆细长，沿着它物攀爬，夏季开花，花多为蓝色和红色，底部为白色，形状像喇叭，可入药。古代又有喇叭花、草金铃、天茄子等多个名称。清人陈淏子《花镜·牵牛花》："牵牛，一名草金铃，一名天茄儿，有黑白二种，三月生苗，即成藤蔓，或绕篱墙或附木上，长二三丈许，叶有三尖如枫叶。七月生花，不作瓣，白者紫花，黑者碧色花。"南朝陶弘景《本草经集注》："此药始出，田野人牵牛易药，故以名之。"

梨 [1]

梨有白花、有粉红花者，开时光景莫名其妙[2]。尝置石笋一具于其侧，铭十六字云："闭门雨后，月色溶溶[3]，携罇[4]花下，其乐无穷。"其实有酸、有脆、有香甜者，种种不一。

梨花

◎ 译文

梨树有开白花的，有开粉红色花的，盛开时的奇妙景象难以言表。我曾经在梨树旁边放了一具石笋，刻了十六字的铭文："闭门雨后，月色溶溶，携罇花下，其乐无穷。"梨树的果实有酸的、有脆的、有香甜的，各不相同。

[注释]

[1] 梨：即梨树，也指它的果实。落叶乔木，叶子呈卵形，花多为白色，秋天结果，果实成熟时为黄色。梨的种类很多，清人潘荣陛《帝京岁时纪胜·时品》："梨种亦多，有秋梨、雪梨、波梨、密梨、棠梨、罐梨、红绡梨；外来则有常山贡梨、大名梨、肉绵梨、瀛梨、洺梨。"

[2] 莫名其妙：没人能说出它的奥妙。清人宣鼎《夜雨秋灯录·陬邑官亲》："及进西瓜汤，饮兰雪茶，莫名其妙。"现在多用作贬义，形容事情毫无道理。

[3] 月色溶溶：形容明净洁白的样子。宋人晏殊《无题》："梨花院落溶溶月，柳絮池塘淡淡风。"

[4] 罇（zūn）：酒坛子。唐人韩愈《芍药歌》："一罇春酒甘若饴，丈人此乐无人知。"

踯躅 [1]

本名杜鹃。谱云：杜鹃以四川产者为上，吴越[2]产者次之，且只黄、白二色，踯躅又一种[3]。所论非是。按：杜鹃，鸟也，传云蜀帝魂魄思乡遂化此鸟[4]，夜深啼血。若因鸟血沥于花上得名，当是红色，不当又云只有黄、白二色。或谓诗云“杜鹃枝上月三更”[5]为证。殊不知“枝”字属下，方与

杜鹃

出句成偶，诗所云杜鹃之鸟歇于枝上，因月而见鸟也。且余于楚北[6]见之，满山遍野，五色兼备，千叶者、单花者不一而足，牛羊践踏，旋践旋生，其名“踯躅”，明矣，土人亦不之惜。所可惜者，今居山左，购之甚难，非购之难，水土不宜，奈之何哉！

◎ 译文

本名杜鹃。花谱上说，四川出产的杜鹃为上品，江浙出产的要差一些，并且只有黄、白两种颜色，踯躅是另外一种花。这些说法其实并不正确。杜鹃是一种鸟，相传蜀帝的魂魄因为思念家乡化作了这种鸟，深夜啼叫直到出血。如果是因为血落在花上才有了这个名字，花就应该是红色的，不应该又说只有黄、白两色。有人用诗句“杜鹃枝上月三更”作为证明。他竟然不知道，“枝”字应该和“上”字连在一起，才能与上一句的“梦中”构成对仗，诗句中所说的杜鹃鸟栖息在树枝上，是因为下边有月才出现鸟的。另外，我在楚北见过这种花，满山遍野，各种颜色都有，重瓣的、单花的，不止一种。牛羊践踏过后，花很快就能重新长出来，它被叫作“踯躅”的原因其实是很清楚明了的。当地人也并不珍惜它。可惜的是，我现在住在山东，想要购买它十分困难，其实也并非买不到，而是这里的水土不适合它的生长，实在是没有办法啊！

[注释]

[1] 踯（zhí）躅（zhú）：这里指映山红，又名杜鹃。多年生常绿灌木，叶子呈椭圆形，春夏之间开花。花似喇叭，多为玫瑰红色，也有橘红色、粉色、白色等。清人汪灏《广群芳谱·杜鹃》："杜鹃花，一名'红踯躅'，一名'山石榴'，一名'映山红'，一名'山踯躅'，处处山谷有之，高者四五尺，低者一二尺。春生苗叶，浅绿色。枝少而花繁，一枝数萼，二月始开。花如'羊踯躅'，而蒂如石榴花，有红者、紫者、五出者、千叶者。"

[2] 吴越：今江浙地区。春秋时期为吴国和越国的所在地，故得名。

[3] 黄、白二色，踯躅又一种：杜鹃花和羊踯躅是外形很相似的两种植物，前者为红色，后者为黄色。羊踯躅是生长在山坡草地或丘陵地区的落叶灌木，毒性很大，羊误食后往往中毒而亡，因此，羊群看见这种花就会踯躅不前，故而得名。按照现代植物学的分类，羊踯躅花属于杜鹃花科、杜鹃花属、羊踯躅亚属、羊踯躅种的植物，同一科、属、亚属之中包含着多种形貌相近的植物品种。古人弄不清这两种花的本质差异，常常把它们看成同一种植物。清人嵇璜《续通志·昆虫草木略》："山踯躅一名红踯躅，一名山石榴，一名映山红，一名杜鹃花。有红者、紫者、五出者、千叶者，其黄色者即羊踯躅也。"作者在这里也把它们误认为是同一种植物。

[4] 蜀帝魂魄思乡遂化此鸟：杜鹃鸟又名子规、杜宇，俗称布谷鸟。相传商周时期蜀王杜宇号望帝，他死后化为杜鹃鸟，日夜悲鸣，泪尽继而泣血。"杜宇"因而用作杜鹃的别称。《海录碎事·杜宇》："望帝禅位于鳖灵，升西山隐焉。时适杜鹃方鸣，俗思帝恩，号为杜宇，以志其隐去之时。或曰：杜鹃，望帝精魂所化。"

[5] 杜鹃枝上月三更：出自唐朝诗人崔涂《春夕旅怀》："水流花谢两无情，送尽东风过楚城。蝴蝶梦中家万里，杜鹃枝上月三更，故园书动经年绝，华发春唯两鬓生，自是不归归便得，五湖烟景有谁争。"崔涂，字礼山，唐僖宗光启四年（888年）进士，生卒年不详。《全唐诗》存其诗1卷。

[6] 楚北：今湖北省，春秋时期的楚国所在地为今湖南、湖北等地，因此楚北即为今天的湖北地区。

万寿菊[1]

鲁人名之曰“蝎子草”[2]，未审取意。花有深黄、浅黄二色。浅黄者中多碎瓣，坟起[3]有似芍药者佳。其叶、干味甚恶，使人不可耐。

◎ 译文

山东人称万寿菊为“蝎子草”，不清楚取名的含义。花有深黄、浅黄两种颜色。浅黄色的大多是细碎的花瓣，中心凸起、形如芍药的为上品。它的叶子、枝干味道十分恶心，让人难以忍受。

[注释]

[1] 万寿菊：菊的品名。一年生草本植物。茎秆直立，叶子细长，八月开花，花为黄色或橙色，呈球形。《热河志·物产三》：“万寿菊，花正黄，以八月中盛开，关外处处有之。山庄产者，茎高而瓣尤大。”又名臭芙蓉、万寿灯、蜂窝菊等。清人吴其浚《植物名实图考》：“万寿菊有二种，小者色艳，日照有光，如倭段；大者名‘臭芙蓉’。皆有臭气。”

万寿菊

[2] 蝎子草：一年生草本植物。茎圆粗直立，夏天开淡红色花，叶子呈倒卵形，有细毛，含毒素。《广群芳谱·蝎子草》："蝎子草，塞外多有之。高四五尺，丛生乱草间，其叶最毒。人误触之，立即红肿如蝎子所螫，故名。马亦不敢近之，唯驼能食。"可能是因为万寿菊也有臭味，所以有了这个别名。

[3] 坟起：凸起，高起。唐人段成式《酉阳杂俎》卷15："又令家人园中执一蛇投瓮中，封闭七日。及开，蛇跃出，举首尺余，出门，因失所在。其过迹地，坟起数寸。"

蜀葵[1]

花最易生，枝叶又粗，人不甚惜。然细审之，其色有深红、桃红、水红、秾紫、淡紫、茄皮紫、浅黑、浑白、洁白、深黄、浅蓝十余种。形有千叶、五出、重台[2]、细瓣、圆瓣、锯口重瓣，种种不一。五月繁华赖有此耳。尝遍种于假山石上，暖①风过处，真成锦绣堆矣。

[校记]

① 原文作“暎”，“暖”字的另一个写法，今改正。

蜀葵

◎ 译文

蜀葵花最容易生长，枝叶粗大，世人不怎么爱惜它。然而仔细观察，花色有深红、桃红、水红、浓紫、淡紫、茄紫、浅黑、纯白、洁白、深黄、浅蓝十多种。形状也有千瓣、五瓣、重瓣、碎瓣、圆瓣、锯口重瓣，多种多样。五月的繁华大半是因为有这种花。我曾经把它种在假山石上，暖风吹过，那里就成了锦绣灿烂的地方。

[注释]

[1] 蜀葵：两年生草本植物，原产于四川，因而得名。茎秆直立，花有红、紫、黄、白等色。明人王路《花史左编 · 蜀葵》："又名'戎葵'，出自西蜀……色有红、紫、白、墨紫、深浅、桃红、茄紫，杂色相间，花形有千瓣，有五心，有重台，有剪绒，有细瓣，有锯口，有圆瓣，有五瓣，有重瓣种种，莫可名状。"

[2] 重台：同一根花枝上开出的两朵花。南宋吴怿《种艺必用》："种罂粟花，以两手重迭撒种，则开花重台也。"

蕙[1]

一花一干为之兰，一干数花为之蕙。兰叶柔媚，蕙叶劲健。楚省多兰，闽省多蕙。兰有梅瓣、荷瓣、素心之称，蕙惟一色花而已矣。近因闽贾所携劲叶一干数花而曰“建草”[2]者，蕙草也，识者辨之。

建兰

◎ 译文

一枝上开一朵花的是兰，一枝上开数朵花的是蕙。兰叶柔美婉约，蕙叶刚劲强健。湖北多兰，福建多蕙。兰有梅瓣、荷瓣、素心等多种，蕙只有一种颜色的花。近来有福建商人带来的一种枝叶强韧、一枝上开着数朵花、被他称为“建草”的植物，实际上就是蕙草，认识兰、蕙的人就能够辨别。

[注释]

[1] 蕙：即蕙兰，兰花的一个品种。多年生草本植物，叶子细而长，暮春开花，一枝可开八九朵，花为淡绿色，香气逊于兰。清人汪灏《广群芳谱 · 兰蕙》：“兰花、蕙花，一类二种……蕙，大抵似兰，花亦春开，兰先而蕙继之，皆柔荑，其端作花。兰，一荑一花；蕙，一荑五六花。香次于兰。”

[2] 建草：即建兰，又名剑兰。兰花的一个品种。清人吴仪一《徐园秋花谱》：“剑兰，叶短者佳，背有剑脊。或云，因产福建，是名‘建兰’。抽茎发花，一茎多者十数蕊，素瓣，卷舒清芬。”

石蒜

龙爪 [1]

花如龙爪而色似丹砂,开时叶尽干枯。惟挺一干,顶缀数花,颇似像生齐鲁间、呼之为“平地一声雷”者,竟莫详其说。

◎ 译文

花长得像龙的爪子，颜色像丹砂。花开时，枝叶全部干枯。只有一根枝干挺拔直立，顶部点缀着几朵花。很像生长在山东一带、被称为“平地一声雷”的花，不清楚为什么有这样的说法。

[注释]

[1] 龙爪：不清楚具体指哪一种花草。现在一般指木剑芦荟，别名龙爪菊，多年生草本植物，叶子先端尖锐，边缘有硬齿或刺。从这里描述的茎干和花的特点看，也可能指的是石蒜，别名老鸦蒜、一枝箭等。清人汪灏《广群芳谱·石蒜》：“石蒜，一名‘乌蒜’，一名‘老鸦蒜’，一名‘蒜头草’，一名‘婆婆酸’，一名‘一枝箭’，一名‘水麻’……处处下湿地有之，春初生叶如蒜秧……七月苗枯，乃于平地抽出一茎，如箭竿，长尺许。”

枸杞[1]

余蓄二盆，皆老本虬曲[2]，壮而短之，萧疏枝叶。一盆其色红，若硃砂玛瑙，一盆其色黄，若淡金蜜蜡。子实离离[3]，绝可爱。于霜雪之际，群花消歇，渠[4]竟巍然独存，颜色不少衰。且可浸酒入药，为补剂功臣，岂可以易生而忽之耶？

◎ 译文

种了两盆枸杞，都是盘曲纠结的多年老根，长粗后就剪短了点，枝叶错落有致。其中一盆红色的，像朱砂玛瑙，另一盆黄色的，好像淡金色的蜜蜡。果实众多，垂于枝头，可爱之极。霜雪时节，众花凋谢，只有它巍然屹立，颜色一点也没变化，而且还可以泡酒入药，是补品中的功臣，怎么能因为它容易生长就轻视它呢？

[注释]

[1] 枸杞：多年生落叶小灌木。叶子呈小椭圆形，花为淡紫色，果实鲜红如豆。其叶可作蔬菜，果实、根皮可入药。明人徐光启《农政全书·枸杞》：“一名枸棘，一名天精，一名地仙，一名却老，一名苦杞，一名甜菜，一名地节，一名羊乳。”

[2] 虬曲：形容树枝盘曲的样子。明人袁中道《游西山记》之四：“禅院四周皆茂树，左右松柏千株，虬曲幽郁，无风而涛。”

[3] 离离：形容果实众多而下垂的样子。清人屈大均《广东新语》：“妇女有谣云：祈子金华，多得白花，三年两朵，离离成果。”

[4] 渠：第三人称代词，它。清人洪升《长生殿·改葬》：“恨不得唤起山神责问渠。”

金丝桃 [1]

此花易生难壮，余蓄数株，十数年来，才粗如指。其枝叶繁茂，鲜翠欲滴，群芳莫比。暮春作花，色若淡金，临风绰约，有不可一世之姿。花须袅娜，使游蜂浪蝶① 往还其间，真呼之欲活。一日，有客从泰安来，携一株花色如粉名“银丝桃”者，余不惜重价购之，如获双璧。尤其妙者，诸花开后枝叶索寞 [2]，惟此叶经霜不脱，而色若渥丹 [3]。北地无枫叶，借此而可想像吴江风景矣。

金丝桃

[校记]

① 原文作“蜨”，“蝶”字的古代写法，下文均改正。

◎ 译文

这种花容易生长，但是不容易长粗。我种了几株，十多年才像手指一样粗细。它枝叶繁茂，青翠欲滴，其他花都比不上。晚春的时候开花，颜色呈淡金色，风中的姿态极其柔美，仿佛世间再也没有花可以同它媲美。花的丝蕊婀娜多姿，招引着游蜂浪蝶飞来飞去的，一派活生生的景象。一天，有位客人从泰安过来，带了一株粉色的“银丝桃”，我不惜重金买了下来，就像得到了珍贵的双璧一样。最奇妙的是，其他花开过以后，枝叶就凋零了，只有这种花的叶子即便是霜雪天也不会掉落，颜色红润得像朱砂一般。北方没有枫叶，看到这株花，我就可以想象吴地的风景了。

[注释]

[1]金丝桃：多年生灌木，叶子呈椭圆形，六七月间开花，花为黄色，花蕊多而长，又名土连翘、金丝莲、金线蝴蝶。清人汪灏《广群芳谱·金丝桃》：“花如桃而心有黄须，铺散花外，若金丝然……南中多有之，塞外遍地丛生，六七月花开，尤为绚烂。花五瓣，如桃而长，色鹅黄，心微绿……开则五花俱开，如黄金然。”

[2]索寞：寂寞萧索。宋人王禹偁《暮春》：“索寞红芳又一年，老郎空解惜春残。”

[3]渥丹：形容脸色红润的样子。明人曹学佺《蜀中广记·神仙记》：“时有黄冠野夫，年逾七十，颜如渥丹，货药于市。”

枫

枫[1]

此树大可合抱，小仅尺余。其叶三棱，其枝干盘拏[2]屈曲，生成画意。好事者以大石盆点缀十数小株，高下成林。霜初叶黄，霜重叶赤，故诗人美之曰“霜叶红如二月花”[3]。以余观之，尚不若纤月西垂之际，一曲清琴，数声长笛①，恐神仙之乐不能过此！

[校记]

① 原文作“篴（dí）”，“笛”字的古代写法，今改正。

◎ 译文

这种树，比较大的可以双臂合抱，小的只有一尺多粗。它的叶子有三条棱，枝干盘绕强劲，有画中的意境。有好事的人在大石盆里点缀种植了十多棵小树，形成了一片高高低低的树林。刚刚下霜的时候，叶片是黄色的；一到深秋，叶子又变成了深红色，因此有诗人赞美说："霜叶红于二月花。"在我看来，还不如在弯月挂在天边的时候，弹奏一首古琴曲，再加上几声悠远的长笛，神仙的快乐恐怕也不过如此了吧！

[注释]

[1] 枫：即枫树。落叶大乔木，树干棕色，叶子呈手掌形，边缘有细锯齿，秋季变成红色，颜色鲜艳灿烂，可供观赏。根、叶、果均可入药。因有脂而香，也称"枫香树"。西晋嵇含《南方草木状》卷中："枫香树似白杨，叶圆而歧分，有脂而香。"明人李时珍《本草纲目·枫香脂》："枫木，枝干修耸，大者连数围。其木甚坚，有赤有白，白者细腻。"

[2] 盘拏：形容盘绕强劲。陈寅恪《柳如是别传》："南宗伯署中，闲园数亩，老梅盘拏，柰子花如雪屋。"

[3] 霜叶红如二月花：出自唐人杜牧《山行》："远上寒山石径斜，白云深处有人家。停车坐爱枫林晚，霜叶红于二月花。"杜牧，字牧之，号樊川居士，京兆（今陕西西安）人，以七言绝句著称。

马缨 [1] （枇杷、樱桃附）

枝叶婆娑，花紫绀色，形若垂钟，又若络马 [2] 所系胡缨，故得是名。至如赏玩，无甚深趣。因唐人赠伎诗有“当门一树马缨花”[3]，它伎争购，价因是贵。又有赠薛涛诗句“枇杷 [4] 花里闭门居”[5]，又李长吉《美人梳头歌》云“下阶自摘樱桃 [6] 花”[7]。如樱桃、枇杷二花，亦无甚赏鉴，事有相类，故附及之。

◎ 译文

马缨枝叶茂盛，花呈青紫色，就像悬挂着的钟，又像马络头上的缨穗，所以有了这个名称。至于观赏，没有什么特别的乐趣了。因为唐人有赠送歌女的诗句“当门一树马缨花”，歌女们争相购买，价格因此就贵了起来。又有赠给薛涛的诗句“枇杷花里闭门居”，还有李贺的《美人梳头歌》中所说的“下阶自摘樱桃花”。至于樱桃、枇杷这两种花，没有什么值得观赏品鉴的，与马缨又有这些关联，所以也顺便提及了它们。

[注释]

[1] 马缨：即合欢。落叶乔木，叶子呈小椭圆形，夏天开淡红色花。清人高士奇《北墅抱瓮录》：“合欢，叶细如槐，比对而生，至暮则两两相合，晓则复开，花淡红色，形类簇丝，秋后结荚，北人呼为马缨，取其花之象也。”古人认为它能使人忘掉愤怒，去嫌和好，因而得名。西晋崔豹《古今注·草木》：“合欢，树似梧桐，枝叶繁互相交结，每风来，辄身相解，了不相牵缀，树之阶庭，使人不忿，嵇康种之舍前。”

合欢

[2] 络马：即马络头，套在马身上控制其行止的绳具。

[3] 当门一树马缨花：这句诗大约产生于元代，是流行在湖州民间的竹枝词，元人张雨辑录《句曲外史集补遗》卷上："临湖门外是侬家，郎若闲时来吃茶。黄土筑墙茅盖屋，门前一树紫荆花。"元人陶宗仪《南村辍耕录》记述诗人揭傒斯尚未发迹的时候，夜里在江边偶遇一位女子，相谈甚欢，女子临别赠诗："盘塘江上是奴家，郎若闲时来吃茶。黄土筑墙茅盖屋，庭前一树紫荆花。"第二天，诗人在附近的盘塘镇看见一座水仙祠，里边的塑像与昨夜女子的模样完全相同。伎指古代以歌舞为业的女子。

[4] 枇杷：常绿小乔木。叶子长而圆，形似琵琶，因而得名。秋冬开花，花为白色，果实夏季成熟，球形黄色，味道甜美。

[5] 枇杷花里闭门居：这是唐人王建写给女诗人薛涛的诗作《寄蜀中薛涛校书》："万里桥边女校书，枇杷花里闭门居。扫眉才子知多少，管领春风总不如。"王建，字仲初，颍川（今河南许昌）人，官至光州刺史，擅长七言乐府诗及宫词。薛涛，字洪度，京兆长安（今陕西西安）人，有90余首诗流传至今。

[6] 樱桃：落叶灌木，叶子呈椭圆形，开白色或粉色小花，果实为小球状，成熟后为红色。明人周文华《汝南圃史·樱桃》："古名'楔桃'，一名'荆桃'，一名'朱桃'，一名'含桃'，一名'英桃'，又名'莺桃'。"

[7] 下阶自摘樱桃花：出自唐人李贺《美人梳头歌》："西施晓梦绡帐寒，香鬟堕髻半沉檀。辘轳咿哑转鸣玉，惊起芙蓉睡新足。双鸾开镜秋水光，解鬟临镜立象床。一编香丝云撒地，玉钗落处无声腻。纤手却盘老鸦色，翠滑宝钗簪不得。春风烂漫恼娇慵，十八鬟多无气力。妆成鬖（wǒ）鬌（tuǒ）欹不斜，云裾数步踏雁沙。背人不语向何处，下阶自折樱桃花。"鬖鬌，一种好看的古代发型。李贺，字长吉，福昌县昌谷（今河南宜阳）人，有200多首诗作流传至今。

紫荆 [1]

叶肥花碎，色无可观。然能使田氏分而复合 [2]，谊气如云，堪配木槿之忠诚，可谓花中之矫矫 [3] 者也。

紫荆

◎ 译文

紫荆叶子肥大，花瓣细碎，颜色没有观赏性。然而能让田氏兄弟从分家到和好，情意深重，足以媲美木槿的忠诚，可以算是花中的佼佼者了。

[注释]

[1] 紫荆：落叶乔木或灌木，树干灰白色，叶子呈心形，春季开红紫色花。清人陈淏子《花镜·紫荆花》："紫荆花，一名'满条红'，花丛生，深紫色，一簇数朵，细碎而无瓣，发无常处，或生本身，或附根枝，二月尽即开。"

[2] 田氏分而复合：典故出自南朝吴钧《续齐谐记》，京兆人田真与两个弟弟分家，打算把最后的一棵紫荆树也分掉。刚准备动手，树就枯萎了，田真感叹道："树本同株，问将分斫，所以憔悴。是人不如木也。"三兄弟商定不再分树，那棵树很快繁茂起来。从此，田氏兄弟再也没有分家，各自都成就了一番事业。

[3] 矫矫：形容超出同辈的样子。宋人曾巩《故翰林侍读学士钱公墓志铭》："公于众，不矫矫为异，亦不翕翕为同。"

红豆[1]

一名“相思子”，江浙多有之。花穗累然下垂，色颇娇艳。叶较苇荻[2]而瘦。江南风俗，夫妇凡寄书札，必缄封[3]红豆数枚，以表相思之意。近日优伶倡伎亦多斆[4]之。

◎ 译文

红豆又称“相思豆”，江浙一带有很多。花穗上的果实累累下垂，颜色十分娇艳。叶子比芦苇瘦一些。江南地区的风俗，夫妇之间互寄书信，一定随信寄上几颗红豆，以表达相思之意。近来，优伶倡伎也多仿效这个做法。

[注释]

[1] 红豆：红豆树、海红豆及相思子等植物种子的统称。藤本植物，春夏开花，花粉红色，秋天结果，果实成熟后鲜红色，古人常常用来象征爱情或相思之情。清人汪灏《广群芳谱·相思子》：“相思子，一名红豆。生岭南，树高丈余，白色，其叶似槐，其花似皂荚，其荚似扁豆，其子大如小豆，半截红色，半截黑色，彼人以嵌首饰……相思子圆而红。故老言，昔有人殁于边，其妻思之，哭于树下而卒，因以名之。”

[2] 荻：多年生草本植物，生于水边或湿地，和芦苇很像，茎秆直立，秋天开穗状紫花或白花。

[3] 缄封：为书信封口。唐人刘禹锡《酬元九侍御赠璧竹鞭长句》：“初开郢客缄封后，想见巴山冰雪深。”

[4] 斆（xiào）：效法，模仿。南宋吴曾《能改斋漫录·事始二》：“卢每致书疏，凡一事别为一幅，朝士至今斆之。”

娃娃拳 [1]

枝干横生，叶亦粗蠢。春夏之交，花甚细碎，色有黄白。每于八月中旬，其叶似癞，渐如虫积，渐如桂蕊，攒聚叶上，叶色自碧而所积自黄。妇女簪佩，宛如桂也。卖花人颇获利焉。

荚蒾

◎ 译文

枝干丛生，叶子粗大。春夏之交开花，花很细碎，有黄白二色。每到八月中旬，叶子表面凹凸不平，就像虫子渐渐地聚集在上面，花蕊就像桂花一样聚集在叶子上，叶子是绿色的，花变成黄色的。妇女喜欢将其当作饰品戴在头上，像桂花一样。卖花人因此获利甚丰。

[注释]

[1] 娃娃拳：即荚蒾，又名“孩儿拳头”。落叶灌木，叶子椭圆形，夏天开白色小花，秋天结红色小球状果实。清人吴其浚《植物名实图考》：“荚蒾，《唐本草》始著录，陈藏器云‘皮可为索’。《救荒本草》谓之‘孩儿拳头’，子红熟可食，又煮枝汁，少加米，为粥甚美。”

柽柳

观音柳 [1]

古有阳柳、阴柳。阳柳有花，入水为萍[2]；阴柳则无花。后人改“阳”为“杨”，复又改杨柳为“杨”①，遂有垂杨、青杨、白杨、长杨等号；改杨柳为“柳”②，遂有垂柳、水柳、红柳、巴柳等号。其实皆阳柳也。阴柳因阴、音相混，遂加观字为“观音柳”矣。尝植一株于盆，枝叶下垂，春碧夏翠，秋亦萧疏，颇有幽致，且为小儿瘀疹[3]要药。

[校记]

① 原文没有“柳”，文义不通，今补正。

② 原文没有“杨”，文义不通，今补正。

◎ 译文

古时有阳柳和阴柳之说。阳柳有花，落到水中就成了萍；阴柳则没有花。后人把“阳”改成了“杨”，接着又把杨柳省称为“杨”，于是就有了垂杨、青杨、白杨、长杨等名称。把杨柳省称为“柳”，于是有了垂柳、水柳、红柳、巴柳等名称。实际上它们都是阳柳。阴柳因为阴和音这两个字混同，后来又加了观字就成了“观音柳”。曾经在盆中种了一棵，枝叶向下低垂，春天青绿，夏天深绿，秋天枝叶错落，颇有清幽之致，也是治疗小儿麻疹的重要药物。

[注释]

[1] 观音柳：即柽柳。多年生落叶小乔木。枝干红褐色，叶子呈针形，枝细长而下垂。嫩枝和叶可入药，能透发痧疹。有垂丝柳、西河柳、西湖柳、红柳、阴柳等多个异称。清人陈淏子《花镜》：“柽柳，一名‘观音柳’，一名‘河西柳’。干不甚大，赤茎弱枝，叶细如丝缕，婀娜可爱。一年作三次花，花穗长二三寸，其色粉红形如蓼花，故又名‘三春柳’。其花遇雨即开，宜植之水边池畔，若天将雨，柽先起以应之，又名‘雨师叶’。”

[2] 阳柳有花，入水为萍：古人称柳絮为杨花，实际上是柳树的种子，也就是“萍”。入水后漂于水面。宋人徐逸《清平乐 · 风韶雨秀》：“待得燕慵莺懒，杨花点点浮萍。”

[3] 痧疹：即麻疹，由病毒引起的一种急性呼吸道传染病，小儿最容易感染。

朱藤 [1]

藤花二色，紫色者名“朱藤”，白色者名“银藤”。其藤扭转缠绕，院落横架以木，任其沿缘，数年之间，可以为棚矣。花穗下垂，经旬不落。其初舒放之际摘取，调面拌糖炸食，颇适口。

◎ 译文

藤花有两种颜色，紫色的叫“朱藤”，白色的叫“银藤”。它的藤扭曲缠绕，如果在院子里做一个横的木架，任由它攀爬，几年时间就会变成棚子。它的花穗向下低垂，十多天都不会凋落。在朱藤花刚刚绽开的时候摘下来，裹上面粉，拌一些糖，然后炸着吃，口感很好。

紫藤

[注释]

[1] 朱藤：即紫藤。藤本植物。茎缠绕着他物生长，叶子呈椭圆形，春季开花，有紫、白两色。西晋嵇含《南方草木状》卷中："紫藤，叶细长，茎如竹根，极坚实。"清人曹溶《倦圃莳植记》："朱藤，一名紫藤，年深者古意可爱，可花蒸熟，糖醋浸食。"

水仙[1]

此种出自外洋，性不畏寒，浸水而生，愈洁愈佳。根似蒜，叶亦如之。一干数花，花片洁白，花心深黄，故又名“金盏银台”。

◎ 译文

这种花来自国外，生性不怕寒冷，泡在水里就能活，水越干净越好。它的根像蒜，叶子也像蒜。一根枝上开几朵花，花片洁白，花心深黄色。所以又叫“金盏银台”。

[注释]

[1] 水仙：多年生草本植物。根茎为球状，叶子细长碧绿，冬季开花，供观赏，鳞茎和花可入药。清人汪灏《广群芳谱·水仙》：“水仙，六朝人呼为‘雅蒜’……此花外白中黄，茎干虚通如葱，本生武当山谷间，土人谓之‘天葱’。”水仙花有单瓣和重瓣之别。单瓣的外圈为白色花瓣，中间有一个黄色酒杯状的花瓣，古人称之为“金盏银台”；重瓣的外圈也有白色花瓣，中间夹着黄色小瓣，古人称为“玉玲珑”。

缬香 [1]

花色黄，四出，攒开若球，故以缬名。叶尽始花开，颇耐久，风过则幽香远递，诚异品也。

◎ 译文

缬香花是黄色的，花瓣为四瓣，聚在一起绽开就像一个圆球，所以称为“缬”。叶子掉完才开花，时间很长。微风吹过，幽香飘向远方，确实是奇异的香品。

[注释]

[1] 缬（xié）香：古书中没有见到这个名称。有可能是缬草，多年生草本植物，叶子为椭圆形，边缘有锯齿，七八月开小花。

缬草

晚香玉

晚香玉[1]

叶与金簪相似，花与玉簪相似。近夕则香，可以辟蚊，故妇女爱以盆种之，而宜近帷榻。

◎ 译文

晚香玉的叶子与金簪相似，花和玉簪相似。傍晚时散发香味，可以防蚊，所以妇女喜欢用盆子种养，适合放在帏帐和床边。

[注释]

[1] 晚香玉：多年生草本植物。叶子细长，夏天开白色花。清人邹一桂《小山画谱·晚香玉》："六月开，叶如蒜而尖，中抽穗，作白花十余朵，六出。长筒如玉簪而小，须藏筒内。此花亦向晚乃香，其香酷烈。北地花也。"

茉莉[1]

古名“抹丽”，产东粤。花色白而香，凡近妇人枕席，其香尤甚而易开，淫艳极矣。花有六出、七出者，其名“素馨”[2]者稍肥。又有草本名“茉莉”者，其花五出，五色兼备，晚开朝落。砌角篱边丛生易长，其实非茉莉，而即俗名“晚饭花”[3]也。花落结子，剖之可沥粉[4]。

紫茉莉

◎ 译文

古代把茉莉叫“抹丽”，出产于广东一带。花为白色，有香气，靠近女人枕席的时候，香味更加浓烈，也更容易开花，香艳极了。花有六瓣、七瓣的，名字叫“素馨”的稍微肥大一些。另一种叫“茉莉”的草本植物，花有五瓣，各种颜色齐全，晚上开、早上凋谢，丛生在角落、篱笆边上，这种花其实不是茉莉，它的俗名叫“晚饭花”，花落以后结果，剖开后可以取粉。

[注释]

[1] 茉莉：常绿灌木。夏季开白花，有浓香。花可熏制茶叶，又为提取芳香油的原料。亦指这种植物的花。明人周文华《汝南圃史·茉莉》:“茉莉丛生，高二三尺，亦有丈余者，五六月开小白花，清丽而芳。”

[2] 素馨：直立灌木，喜暖畏寒，花色洁白，芳香宜人。宋人周去非《岭外代答·素馨花》:“素馨花，番禺甚多，广右绝少，土人尤贵重。开时旋掇花头装于他枝，或以竹丝贯之卖于市，一枝二文，人竞买戴。”吴曾《能改斋漫录·素馨花》:“唯花洁白，南人极重之，以白而香，故易其名。妇人多以竹签子穿之，像生物置佛前供养。又取干花浸水洗面，滋其香耳。”素馨与茉莉很像，作者把它们看成了同一种花的两个品种。

[3] 晚饭花：即紫茉莉。多年生草本植物，叶子呈椭圆形，花形像喇叭，有红、白、黄等色，又称胭脂花、野茉莉、粉豆花等。清人吴其浚《植物名实图考》:“野茉莉，处处有之，极易繁衍……花如茉莉而长大，其色多种。易变子，如豆深黑，有细纹，中有瓤，白色可作粉，故又名‘粉豆花’。”

[4] 沥粉：取粉。沥的意思是渗出、流出。唐人段成式《酉阳杂俎·境异》:“阿萨部多猎虫鹿，剖其肉，重迭之，以石压沥汁。”

夜来香[1]

枝叶琐碎，花开若蒂而色碧。花色碧者惟夜来香与兰耳。其香幽雅，真花之逸品也。

◎ **译文**

夜来香枝叶细碎，花像花蒂一样，呈青绿色。花色青绿的只有夜来香和兰花。它的香气幽静雅致，真是花中的极品。

[注释]

[1] 夜来香：多年生缠绕藤本。叶子呈椭圆形，夏秋开花，花为黄绿色，香味浓烈，夜晚更浓，故名。清人邹一桂《小山画谱 · 夜来香》："藤本。植必用架，蔓延环绕，叶长而末圆，花一丛百朵，五出，色绿，微黄。蒂托管有柄，开亦下垂。日落则香气袭人，六七月开。"

夜来香

珍珠兰[1]

此花亦产东粤，枝叶与茉莉不甚相远。花攒一穗，颗颗如珠，色碧香永。北地有名“珍珠花”[2]者，花丛生，色白，开则蒙茸[3]柔媚，香色艳绝，又名“鱼子兰”。或云有紫色者，竟未之见。

◎ 译文

这种花也出产于广东一带，枝叶和茉莉相差不远。花聚成一个穗子，一颗颗像珠子一样，颜色青绿，香气持久。北方有叫“珍珠花”的，花聚集生长，呈白色，绽开时毛茸茸的，很柔媚，香气、花色极佳，又叫“鱼子兰”。有人说还有紫色的，我却从来没有见过。

[注释]

[1] 珍珠兰：半常绿灌木，叶子椭圆形，五月开黄色花，形似珍珠，因而得名。《浙江通志 · 物产》：“亦名‘赛兰’。本非兰种，以其香气似兰而郁也。花金色，亦名‘金粟兰’。形如鱼子，名‘鱼子兰’。开时如贯珠，故名。茎以棕丝系之，又名‘吊兰’。”

[2] 珍珠花：即珍珠绣线菊。多年生落叶灌木，枝干灰褐色，枝头顶端开白色小花，含苞待放时就像一颗颗珍珠，因而得名。清人陈淏子《花镜 · 珍珠花》：“珍珠花，一名‘玉屑’。叶如金雀，而枝干长大，三四月开细白花，皆缀于枝上，繁密如孛（bèi）娄状。”孛娄，意思是经过爆炒而裂开的糯米花。

[3] 蒙茸：形容花草蓬松。南宋俞处俊《伤春》：“黏天芳草绿蒙茸，久客伤心望不穷。山色自随人远近，莺声只在水西东。”

草珊瑚

草珊瑚 [1]

藤质而能自直，花穗蒙茸，子粒红亮，宛若珊瑚。安徽山中多有之。

◎ 译文

草珊瑚是藤类植物，却能直立生长。花穗毛茸茸的，果实颗粒又红又亮，好像珊瑚一样。安徽山中很多。

[注释]

[1] 草珊瑚：多年生常绿灌木，叶子为椭圆形，边缘有锯齿，六月开黄绿色花，夏秋之间结红色小球状果实，可以入药。

杏[1]

杏花红艳，人多知之。宋子京极爱簪之，故称之曰“红杏尚书”[2]。唐人亦重之。诗有之曰“一枝红杏出墙来”[3]，又曰“一色杏花红十里”[4]。然余于肥城[5]李掌书[6]家见杏一株，花开似雪，询之，不独花开白色，而实大如瓯，香甜异常，真水杏也。惜移种它处多不能活，间有活者，花色仍红，于是互相叹异。余复笑曰：“若使王戎见之，又当钻核[7]。”主人亦笑。别赠十数枚。归贻细君[8]，味虽稍败，较市之所言水杏者，迥别矣。

杏花

◎ 译文

杏花红且娇艳，人们都知道。宋祁最喜欢把它戴在头上，所以世人称他为“红杏尚书”，唐人也很看重杏花。宋代有“一枝红杏出墙来”的诗句，又有“一色杏花红十里”的佳句。但是，我在肥城李掌书家看见一株杏树，花开得像雪花一样洁白，向李掌书询问后得知，这株树不光花开得白，果实也大得像杯子，异常香甜，是真正的水杏。可惜的是，栽种到别的地方就多半不能成活，偶尔能活下来的，花色仍然是红的。于是，我们两个都感叹它的奇异。我又笑着说 :“如果让王戎看见它，又要钻核来卖了。”主人也笑了。临别的时候，他送了我十几枚杏。我回家后送我的妻子，其味道虽然稍微差了点，但和集市上所说的水杏相比，仍是迥然不同的。

[注释]

[1] 杏：落叶乔木。树干灰褐色，叶子椭圆形，春天开花，花白色或粉红色，夏天结黄色球状果实。是北方常见的果树之一，也指它的果实。

[2] 宋子京：即宋祁，字子京，雍丘（今河南杞县）人，历任翰林学士、史馆修撰、工部尚书等职，北宋著名文学家、词人。其词作《玉楼春·春景》中有“红杏枝头春意闹”之语，因而被称为“红杏尚书”。原词为：“东城渐觉风光好，縠（hú）皱波纹迎客棹，绿杨烟外晓寒轻，红杏枝头春意闹。浮生长恨欢娱少，肯爱千金轻一笑，为君持酒劝斜阳，且向花间留晚照。”縠，指有皱纹的纱。

[3] 一枝红杏出墙来：出自叶绍翁《游园不值》：“应怜屐齿印苍苔，小扣柴扉久不开。春色满园关不住，一枝红杏出墙来。”叶绍翁，字嗣宗，号靖逸，龙泉（今浙江丽水）人，南宋文学家、诗人，著有笔记小说《四朝闻见录》及诗集《靖逸小稿》《靖逸小稿补遗》等。

[4] 一色杏花红十里：出自苏轼《送蜀人张师厚赴殿试》之二：“云龙山下试春衣，放鹤亭前送夕晖。一色杏花三十里，新郎君去马如飞。”苏轼，字子瞻，号东坡居士，眉州（今四川眉山）人，北宋著名文学家、词人。

[5] 肥城：今山东肥城市。

[6] 掌书：明清官职，掌管文书印信等。

[7] 若使王戎见之，又当钻核：典故出自南朝刘义庆《世说新语·俭啬》：“王戎有好李，卖之恐人得其种，恒钻其核。”王戎，字濬（jùn）冲，临沂（今山东临沂）人，历任吏部尚书、尚书左仆射、司徒等职，长于清谈，是魏晋时期“竹林七贤”之一。

[8] 细君：妻子的代称。清人李渔《闲情偶寄》：“食所未食，尝所欲尝，蓄所余者而归遗细君，似得五侯之鲭，以果一家之腹，是人生最乐之事也。”

落花生 [1]

长条蜿蜒，叶亦葱翠。花黄色，与迎春相似，花须脱瓣，着地成实。老圃获此而养生焉。

◎ 译文

落花生的藤蔓是长条形，蜿蜒曲折，叶子青翠。花为黄色，和迎春花相似，花瓣脱落后，花须钻入土中长成果实。菜农依靠它们养活全家。

[注释]

[1] 落花生：一年生草本植物，常见的豆类食物。叶子为椭圆状，夏天开黄色花，花落后结荚果，果仁即花生米。明人周文华《汝南圃史·落花生》："落花生，藤蔓茎叶似扁豆，开花落地，一花就地结一果，其形与香芋相似。"

郁李

棠棣[1]

花攒雪片，子缀红英，诗人美其“韡韡”[2]，河南诸郡有之。

◎ 译文

棠棣花聚集生长，犹如雪花，果实连着红花，诗人赞美它光明华美，河南各郡都有。

[注释]

[1] 棠棣：即郁李。落叶小灌木，春季开花，花为淡红色。果实为小球形，暗红色。元人胡古愚《树艺篇·郁李》：“条生作丛，高五六尺，其叶如李花，极繁密而多叶。”

[2] 韡（wěi）韡：明艳华美的样子。出自《诗经·常棣》：“常棣之华，鄂不韡韡。”常棣即棠棣；“鄂不”相当于鄂柎，指花萼和花托。

棣棠[1]

草本，花色鹅黄，比万寿菊差[2]小，微有香气。妇女爱与秋海棠并插。

◎ 译文

棣棠是草本植物，花为鹅黄色，比万寿菊略小，有淡淡的香气。女人喜欢将其和秋海棠一起戴在头上。

[注释]

[1] 棣棠：落叶灌木，丛生，叶片呈心形，边缘有锯齿。四五月间开黄色花，有重瓣也有单瓣，八月结果。明人周文华《汝南圃史·棣棠》："棣棠，丛生，二月中开黄花，花如垂丝海棠，故名曰'棠'。"

[2] 差：比较，略微。南宋温革《分门琐碎录·禽兽》："雁有二种。一种形状如鹅，而嘴脚皆黄色毛；一种差小而嘴脚皆赤，腹有长斑文。"

棣棠

菱[1]

花色白而心黄，瓣凡六出。梁简文帝爱而重之，亲制《采菱歌》[2]，使宫女歌之，并取花式以铸镜，亲铭其背。

◎ 译文

菱花白色，花心黄色，花是六瓣的。梁简文帝很喜爱它，亲自写下《采菱歌》，让宫女传唱。还按照菱花的形状制作镜子，亲自在镜子背面刻上铭文。

[注释]

[1] 菱：菱科菱属，一年生水生草本植物，中国各地都有分布，多见于长江中下游和珠江中下游。叶片呈三角形，互生，边缘有锯齿，浮于水面，正面为绿色，背面呈黄色或灰褐色，5—10月开小花，为白色或黄色，7—11月结果，果实有两角的，也有四角的，两角的像牛角，四角的也叫“芰”，呈红色或绿色。明人周文华《汝南圃史》：“芰，一名菱，俗谓之‘菱角’，《图经本草》曰：‘芰菱，实也，处处有之，叶浮水面，花落实生，渐向水中乃熟，实有二种，一种四角，一种两角，两角中又有嫩皮而色紫者，谓之‘浮菱’，食之尤美。’”

[2] 采菱歌：梁简文帝《采菱曲》：“菱花落复含，桑女罢新蚕。桂棹（zhào）浮星艇，徘徊莲叶南。”梁简文帝是南北朝时梁朝的第二个皇帝，名萧纲，字世缵，南兰陵（今江苏武进）人，擅长宫体诗。

鸡头[1]

浮水而生，花色略似菱而外包似猬①。剖包取子，名曰“芡实”。叶盘与菱小异，菱叶重叠，鸡头叶似剪戳而成。

[校记]

① 原文作“蝟”，是猬字的古代写法，今改正。

◎ 译文

鸡头浮在水面上生长，花的颜色像菱花，果实外面包着一层壳，像刺猬一样。剖开外面的壳取出果实，得到的就是芡实。叶盘比菱略小一点，菱的叶子层层叠叠，鸡头的叶子像是被剪过、扎过一样。

[注释]

[1] 鸡头：即芡实，民间又称为“鸡头米”。一年生水生草本植物，叶片很大，形状像荷叶，夏天开花，花多为紫色。夏秋间结果，顶部有小孔。清人高士奇《北墅抱瓮录》：“荒湾断堑皆种芡实，绿盘铺水，与荷芰相乱，弥望田田，早秋采实而食，有珠之圆，有玉之腻。”

莲[1]

莲之大者，见于诗“花开十丈藕如船”[2]；莲之小者，见于昆山[3]张道士家。尝以莲心插于瓯泥中，未匝月[4]时，叶大如钱，花开似豆，疑其有术者也。至于池塘之中，红者、白者、白瓣而红边者，又有莲实高出莲房者，名“八仙莲”。其十八瓣者，颜色尤丽。

莲

◎ 译文

大的莲，就像诗中所说“花开十丈藕如船”；小的莲，我在昆山张道士家见过，他曾经把莲心插在泥盆里，不到一个月的时候，叶子像铜钱一般大，开出的花就像豆子，我怀疑他使用了特殊的技术。至于池塘中生长的莲花，有红的、白的、白瓣红边的，还有莲实高出莲房的，被人称为“八仙莲”。其中，十八瓣的那种，颜色尤其鲜艳。

[注释]

[1] 莲：多年生水生草本植物。叶子呈圆形，夏天开红色或白色花，果实即莲蓬，花落后采摘，中间即为莲子。根部即藕，可以食用。

[2] 花开十丈藕如船：出自唐人韩愈《古意》：“太华峰头玉井莲，开花十丈藕如船。冷比雪霜甘比蜜，一片入口沉痾痊。我欲求之不惮远，青壁无路难夤缘。安得长梯上摘实，下种七泽根株连。”沉痾，指多年的疾病。夤缘，意思是攀爬。

[3] 昆山：即今天的江苏昆山市。

[4] 匝月：满一个月。南宋陆游《老学庵笔记》卷2：“岭南俗，家富者妇产三日或匝月洗儿，作团油饭。以煎鱼虾、鸡鹅、猪羊灌肠，蕉子、姜桂、盐豉为之。”

芍药 [1]

扬州芍药 [2] 五色兼备，所佳者“金带围”也。丰台有卖芍药女子者，丽人也，然芍药称“花婢子”者，未尝不由此也。

◎ 译文

扬州的芍药，各种颜色都有，最好的叫“金带围”。丰台这个地方有卖芍药的女子，长得很漂亮。芍药之所以称为“花婢子”，也许就是出自这里。

芍药

[注释]

[1] 芍药：多年生草本植物，叶子呈椭圆形，五六月间开花，花大而美丽，有紫红、粉红、白等多种颜色，外形与牡丹相近，品种极多。明人周文华《汝南圃史·芍药》："一名'何离'，一名'余容'，一名'犁食'，一名'解仓'……春生红芽作丛，茎上三枝四叶，似牡丹而狭长。三四月中着花，有红紫黄白之异，而以黄为贵。《洛阳花木记》所载至四十余品。"

[2] 扬州芍药：江苏扬州以盛产芍药著称。明人周文华《汝南圃史·芍药》："昔人谓牡丹'花王'，芍药'花相'，本出扬州，扬州之芍药冠天下。"

仙人掌[1]

无花、无叶、无枝、无干[2]，惟一绿片掌，大掌又斜生一掌，如此叠生数掌，每掌生钉①须数十枚。霜雪长青，亦异品也。

[校记]

①原文作“丁”，“钉”字的古代写法，今改正。

◎译文

仙人掌没有花、没有叶子、没有枝干，只有一片绿色手掌形的茎干，大掌旁边又斜生出小掌，这样层层叠叠地长着几个掌，每个掌上长着几十枚钉子一样的须毛。霜雪天中，它也一直是青色的，是很奇特的品种。

仙人掌

[注释]

[1] 仙人掌：植物名。原产于热带干旱沙漠地区。茎为肉质，肥而厚，形似手掌，有刺，颜色青绿。叶子针形，花多为黄色，可供观赏。

[2] 无花、无叶、无枝、无干：仙人掌并不是没有花叶枝干，仙人掌生长在干旱地区，花多为黄色、白色；为了减少水分蒸发，叶子呈尖刺状；枝干肥厚，用来贮存水分和养分。

虎须草 [1]

无花、无叶，挺生数百茎，似虎须，故名。色不枯槁，然非水浸根不能活。

◎ 译文

虎须草没有花，没有叶子，数百根细茎挺直生长，像虎须一样，因而得名。颜色不会枯萎变色，但如果不用水浸泡根部就不能成活。

[注释]

[1] 虎须草：即灯芯草、灯心草。多年生水生草本植物。秆直立，中空，顶部开穗状花，茎可入药。明人李时珍《本草纲目 · 灯心草》："灯心草，生江南泽地，丛生，茎圆细而长直……此草稍粗而瓤虚白。吴人栽莳之，取瓤为灯炷，以草织席及蓑。"

萱 [1]

散叶挺生，花片五出，色淡黄者，萱也；瓣似萱而稍长者，金簪也；四月可食，花片重出，而有绛点者，宜男也，妇人佩之生男；无绛点者，忘忧也；色淡而六出者，水葱也；六出而色重者，紫罗兰也。

萱

◎ 译文

叶子散开，挺拔生长，花片有五瓣，颜色浅黄的是萱草；花瓣像萱草却稍长一些的是金簪；四月可以吃，花为多瓣，上面有深红色斑点的是宜男草，妇女佩戴它就能生男孩；没有深红色斑点的是忘忧草；花的颜色较浅并且有六瓣的是水葱；花有六瓣并且颜色较深的是紫罗兰。

[注释]

[1] 萱：多年生草本植物，叶子狭长，花像百合，橘黄色或橘红色，无香气，可作蔬菜，也可以供观赏。俗称忘忧草、宜男草、黄花菜、金针菜等。明人李时珍《本草纲目 · 萱草》："叶如蒲蒜辈而柔弱，新旧相代，四时青翠。五月抽茎开花，六出四垂，朝开暮蔫，至秋深乃尽。其花有红、黄、紫三色。"

虎刺

虎刺[1]

花似素馨而无香，子似红豆而无色。或以能催生保胎为贵。

◎ 译文

虎刺的花像素馨却没有香味，果实像红豆却没有颜色。有人认为能够催生、保胎，因而很看重它。

[注释]

[1] 虎刺：常绿小灌木，枝干为灰褐色，叶子呈椭圆形，春夏开花，花为红色或白色。明人周文华《汝南圃史·虎刺》："四月开细白花，花四出，花开时子犹未落，红白相间甚可爱，花落结子至冬，红如丹砂，有二种，叶细者佳，吴人多植盆中，以为窗前之玩。"

蝴蝶[1]

叶似萱而肥，花亦似萱，锯口，蓝色而有血点，须长袅袅，恍似蝴蝶之须，故有是名。

◎ 译文

蝴蝶的叶子像萱草，但是更为肥大。花也像萱花，边上有锯齿，蓝色并带有血红的斑点。它的长须又细又长，随风飘动，有点像蝴蝶的触须，因此有了这样的名字。

[注释]

[1] 蝴蝶：古代以“蝴蝶”为别名的花有鸢尾花、三色堇、琼花等，从这里的描述看，可能是指鸢尾。鸢尾是多年生草本植物，茎秆直立，叶子呈长条形，春天开蓝紫色花，花的中间有黄色或深红色斑点，姿态婀娜，像蝴蝶一样。

鸢尾

吉祥草 [1]

叶似福建蕙草而根多，肥短之叶，花无可观，然不易开，开则其家吉祥。叶经冬而不枯，真仙品也。

◎ 译文

吉祥草的叶子像福建蕙草，但是有很多根，叶子短而肥大，花没有什么值得看的，但是不容易开。谁家的花开了，就意味着他阖家吉祥。它的叶子历经寒冬却不枯萎，真是个非凡的品种。

吉祥草

[注释]

[1] 吉祥草：百合科吉祥草属，多年生草本植物，叶子呈长条状，8—9月抽茎开花，为紫色，花小，聚集而生，又叫紫衣草。清人陈淏子《花镜·吉祥草》："吉祥草，丛生，畏日，叶似兰而柔短，四时青绿不凋。夏开小花，内白外紫，成穗，结小红子。但花不易发，开则主喜……性最喜湿，得水即生。"

万年青[1]

叶深碧粗厚，无花有子，色红而鲜。世取其吉，与吉祥草作移家必用之物。

◎ 译文

万年青的叶子呈深绿色，厚而粗大，没有花，有果实，颜色鲜红艳丽。世人认为它很吉利，把它和吉祥草都看成搬家必用的东西。

[注释]

[1] 万年青：多年生草本植物。叶片宽大，四季常青，因而得名。春夏之间开淡绿色花，肉质穗状，并不像原文所说的没有花。秋天结球形果，呈红色或黄色。根可入药。明人周文华《汝南圃史·蒕（yūn）》："蒕即千年蒕，叶阔，丛生，深绿色，冬夏不枯，又名'万年青'。"

三七[1]

叶似金盏而圆，花茸茸，淡紫色。又一种枝叶似明天麻，花黄色有白茸，然皆非真三七。三七在广西田州[2]，雨过生土中，状如土茯苓[3]，剖之色紫而香，能疗血疾，此之谓“田三七”也。

◎ 译文

三七的叶子像圆形的金杯，花毛茸茸的，浅紫色。还有一种，枝叶像明天麻，花为黄色，带有白色茸毛，但都不是真正的三七。三七出产于广西田州，长在雨后的土里，样子像土茯苓，剖开后颜色发紫并且带有香味，能治疗各种出血的疾病，这里说的是“田三七”。

[注释]

[1] 三七：即田七。多年生草本植物，叶子呈椭圆形，夏天开绿色花，夏秋结果，为红色球形。块根有止血功效。明人李时珍《本草纲目·三七》：“彼人言其叶左三右四，故名三七，盖恐不然。或云，本名山漆，谓其能合金疮，如漆粘物也……春生苗，夏高三四尺，叶似菊艾而劲厚，有岐尖，茎有赤棱。夏秋开黄花，蕊如金丝……根叶味甘，治金疮、折伤、出血及上下血病，甚效。”

[2] 田州：古代行政区划名，唐代始设。今为广西田阳县。

[3] 土茯苓：多年生攀缘灌木，叶子像竹叶，花像三七，果实红色，根状茎可以入药。明人李时珍《本草纲目·土茯苓》：“其根状如菝葜而圆，其大若鸭子，连缀而生……其肉软可生啖，有赤白二种，入药用白者良。”

金丝荷叶[1]

俗名“虎耳草”，瘦梗团叶，其纹似荷而生白毫，垂丝作小紫花。或用小磁盆置石其中，花须下垂，颇有雅致，治耳疾甚效。

◎ 译文

俗称“虎耳草”，根茎细瘦，叶子呈圆形，叶子上的纹路像荷叶，长有白色细毛，下垂的枝条上开着紫色小花。有人会在种着金丝荷叶的小瓷盆里放一些石子，花须下垂，看起来颇为雅致。治疗耳病很有效。

虎耳草

[注释]

[1] 金丝荷叶：即虎耳草。多年生草本植物，叶子为圆形，像荷叶，有白色的纹路，长有小毛，5—8月开花，多为白色或粉色，上面三片叶子较短，下面两片叶子较长，7—11月结果。明人周文华《汝南圃史·虎耳》："虎耳，叶如钱而大，丛生于石，俗呼'金丝荷叶'，盖其叶类荷而有金丝缭绕，故名。三四月间开细白花。小儿耳病，研取汁，滴少许入耳中即愈。"

凤仙 [1]

一名“指甲桃”，其形有名“龙爪”者，有名“顶凤”者，有名“飞来凤”者。飞来凤者，其叶绉而成花；顶凤者，当头一朵大如月季；龙爪者，其枝干若龙形。花有单瓣，有重台，有并头者。色有大红、桃红、水红、淡紫、淡绿、洁白、红白错杂者。妇女常以此花染指，故名“指甲桃”。

◎ 译文

凤仙又叫“指甲桃”，根据它的形状又有叫“龙爪”的，有叫“顶凤”的，有叫“飞来凤”的。飞来凤的叶子有皱纹因而像花；顶凤正上方的一朵花就像月季一样大；龙爪的枝干像龙的样子。凤仙的花有单瓣的，有重瓣的，有两朵并蒂的。花色有大红、桃红、水红、浅紫、浅绿、洁白、红白相间的。女人常常用这种花染指甲，所以叫作“指甲桃”。

[注释]

[1] 凤仙：一年生草本植物。茎秆较粗，叶子呈椭圆形，夏秋间开红色或玫红色花。清人汪灏《广群芳谱 · 凤仙》：“一名‘海蒳（nà）’，一名‘旱珍珠’，一名‘小桃红’，一名‘染指甲草’……女人采其花及叶，包染指甲，其实状如小桃，故有指甲、小桃诸名。”

牡丹

牡丹[1]

“国色朝酣”[2]，唐人可谓善为写照，然所谓者，玉楼春耳。其魏紫、姚黄、胡红、季白，[3]皆见之矣。或有见其黑色、绿色者，色多暗淡，终不若玉楼春鲜艳明丽。余尝于曹县[4]旧宦家见玉楼春一株，高齐厦屋，花发百萼，香色夺目，真大观也。

◎ 译文

“国色朝酣”，唐朝人真可以说是擅长描绘牡丹了，不过诗中所说的应该是玉楼春。牡丹中的魏紫、姚黄、胡红、季白等品种，我都看到过。有人还见过黑色、绿色的牡丹，大多色泽暗淡，终究比不上玉楼春的鲜艳明丽。我曾经在曹县一个过去的官宦人家见到过一株玉楼春，长得像屋子一样高，开了一百多朵花，色彩艳丽，香气逼人，确实称得上盛景了。

[注释]

[1] 牡丹：原产于我国的观赏花卉，茎杆直立，花开于枝顶，大如碗口，重瓣，花色很多，大多在五月开花。明人周文华《汝南圃史·牡丹》："牡丹，花之富贵者也，木本，大者高四五尺。八月，枝上发赤芽，来春二月即发蕊如拳，稍舒则变成绿叶，有桠（yà）花著叶中，三月谷雨前开。"桠花，指丫形的花。唐代以前没有"牡丹"这一名称，牡丹、芍药都被称为"芍药"。唐代以后，把牡丹称为"木芍药"，民间则把它称为"牡丹"。周文华《汝南圃史·牡丹》："芍药有二种，有草芍药，有木芍药。木者花大而色深，俗呼为'牡丹'。"

[2] 国色朝酣：出自唐人李正封《牡丹诗》："国色朝酣酒，天香夜染衣，丹景春醉容，明月问归期。"李正封，字中护，陇西（今甘肃临洮）人。曾经担任过中书舍人、监察御史等职务。

[3] 魏紫、姚黄、胡红、季白：均为民间培育的牡丹品种，魏、姚、胡、季是培育者的姓氏。北宋欧阳修《洛阳牡丹记·花释名》："姚黄者，千叶、黄花，出于民姚氏家。此花之出，于今未十年。姚氏居白司马坡，其地属河阳，然花不传河阳，传洛阳。洛阳亦不甚多，一岁不过数朵……魏家花者，千叶、肉红，花出于魏相家。始，樵者于寿安山中见之，斫以卖魏氏，魏氏池馆甚大。传者云：此花初出时，人有欲阅者，人税十数钱乃得登舟渡池至花所，魏氏日收十数缗（mín），其后破亡，鬻（yù）其园。"缗，用绳线串起来的钱。古代通常以一千文为一缗，大约相当于一两银子。鬻，售卖。

[4] 曹县：今属山东菏泽市。

桃[1]

尝访①肥城令[2]某。入境，闻某贪婪不堪，诛求[3]无厌，乃住②李掌书家。晚食一桃，重二十余两，汁贮盘七，香甜异常。较之上海水蜜桃，肥而多肉③；较之北地王母桃，香而无滓。始知素所食肥桃[4]者，非真肥城之所出也。

[校记]

① 原文作“仿”，文义不通，今改正。

② 原文作“主”，文义不通，今改正。

③ 原文作“宍”，“肉”字的古代写法，今改正。

◎ 译文

我曾经想去拜访肥城县令某某。到了肥城，得知他贪得无厌，横征暴敛，于是就住在了李掌书家。晚上吃到一个桃子，重二十几两，汁水装满了七个盘子，香甜异常。和上海水蜜桃相比，更为肥美，果肉更多；和北方的王母桃比，味道更香而且没有渣滓。这才知道平时吃的肥桃，并不是真正的肥城桃子。

桃花

[注释]

[1] 桃：落叶小乔木，春天开花，花为淡红、粉红或白色。果实即桃子，球形，表面有茸毛，是我国常见的水果。桃的品种很多，明人顾起元《客座赘语·花木》："南都人家园亭，花木之品多者，如桃，别有绯桃、浅绯桃、白桃……又有十月桃、油桃、麝香桃，皆可种。"

[2] 令：即县令，县的行政长官。

[3] 诛求：强制征收。清人孙承泽《春明梦余录》卷35："常法之外，又行巧立名色，肆意诛求。船只往返过期者，指为罪状，辄加科罚；商客资本稍多者，称为殷富，又行劝借。"

[4] 肥桃：桃子品名。出产于山东肥城，因而得名。

蘋[1]

“涉江采白蘋”，柳恽[2]诗也。谱谓花有黄白二色。余所见者，叶铺水面而花皆白色，与菱仿佛。黄色者乃藻荇[3]之花，恐谱有所讹耳。

◎ 译文

“涉江采白蘋”，这是柳恽的诗句。谱书上说它的花有黄白两色。我所见到的，叶子铺展在水面上，开的都是白花，与菱有点相似。开黄色花的是藻荇，可能是谱书把它弄错了。

[注释]

[1] 蘋（pín）：多年生草本植物，生浅水中，茎秆细长，叶子有四片，呈田字形，夏秋开白色小花。清人汪灏《广群芳谱·蘋》：“一名‘芣（fú）菜’，一名‘四叶菜’，一名‘田字草’。叶浮水面，根连水底，茎细于莼荇叶，大如指顶面，青背紫有细纹，颇似马蹄、决明之叶，四叶合成，中折十字，夏秋开小白花，故称‘白蘋’。”

[2] 柳恽：字文畅，南朝梁诗人，历任侍中、散骑常侍、广州刺史等职，曾两次出任吴兴太守，为政清静，颇得民心。他著有《柳吴兴集》。其诗《江南曲》：“汀州采白蘋，日落江南春。洞庭有归客，潇湘逢故人。故人久不返，春花复应晚。不道新知乐，只言行路远。”

[3] 藻荇：即荇菜，龙胆科莕菜属，多年生水生草本植物，叶片呈圆形，浮于水面，开小黄花，嫩时可食，也可以入药。

茨菇[1]

七八月间生于渌波止水[2]之中，叶三棱而花光若靛。唐诗言“茨菇叶烂别西湾，莲子花开未见还”[3]，盖伤其有约未践，即“雨雪霏霏”“杨柳依依”[4]之意。

◎ 译文

慈姑七八月的时候生长在清波静水之中，叶子有三条棱，花的色泽是靛青一样的深蓝色。唐诗中说“茨菇叶烂别西湾，莲子花开未见还”。这句诗大约是感伤当初的约定难以实现，也就是“雨雪霏霏”“杨柳依依”中表达的意思。

[注释]

[1] 茨菇：即慈姑。多年生水生草本植物，叶子宽大，呈剪刀状，开白色花。地下茎呈球形，黄白色，可以食用。清人汪灏《广群芳谱·慈姑》：“慈姑，或作茨菰。一岁根生十二子，如慈姑之乳众子，故名。”

[2] 渌（lù）波止水：清澈而静止不动的水。渌波，清澈的水。唐人刘长卿《听笛歌》：“横笛能令孤客愁，渌波淡淡如不流。”

[3] 茨菇叶烂别西湾，莲子花开未见还：出自唐人张潮《江南行》：“茨菰叶烂别西湾，莲子花开犹未还。妾梦不离江上水，人传郎在凤凰山。”

[4] 雨雪霏霏、杨柳依依：出自《诗经·采薇》：“昔我往矣，杨柳依依。今我来思，雨雪霏霏。行道迟迟，载渴载饥。我心伤悲，莫知我哀！”全诗抒发了一个戍边士兵从出征到返乡的哀伤悲愤之情。

铁树[1]

即铁力木也。枝干与铁无异，当春亦无花叶，然非槁木也。间滋莓苔[2]数丛，颇觉苍翠，扪[3]之腻滑凉润，色泽可爱。戊子，嘉应州[4]农家铁树生花数十枝，红色五出，宛然似梅。同人[5]邀往观之，恐王元之[6]所写铁干梅花，未能仿佛也。

◎ 译文

铁树也就是铁力木。枝干和铁一样，春天也没有花和叶子，却不是枯树。树身上偶尔长出几丛青苔，很有一些青翠的感觉，摸起来滑腻凉润，颜色可爱。戊子年间，嘉应州农家的铁树开了几十枝花，都是红色、五瓣的，就像梅花一样。朋友邀请我去观赏，与王元之笔下的铁干梅花也相差甚远。

[注释]

[1] 铁树：即铁力木。常绿乔木，树高可达30米，叶子呈披针形，花白色。清人陈淏子《花镜·铁树》："铁树，叶类石楠，质理细厚，干、叶皆紫黑色，花紫白，如瑞香，四瓣，较少团，一开累月不凋，嗅之乃有草气。"铁树又称铁木、铁栗木、铁梨木，木材暗红色，质地坚硬。《广东通志·海防志》："广海船：广船视福船尤大，其坚致亦远过之。盖广船乃铁力木所造，福船不过松杉之类而已。二船在海若相冲击，福船即碎，不能当铁力之坚也。"

[2] 莓苔：即青苔。明人谢肇淛（zhè）《五杂俎》："假山须用山石，大小高下，随宜布置，不可斧凿。盖石去，其皮便枯槁，不复润泽，生莓苔也。"

[3] 扪（mén）：抚摸。清人褚人获《坚瓠广集·顶上千拜》："暹（xiān）罗国，凡臣之见其君者，先扪其足者三，复自扪其首者三，谓之顶上。"暹罗国即泰国。

[4] 嘉应州：古代行政区划名。在今广东梅州市。因为盛产嘉应子而得名。

[5] 同人：志同道合的朋友。唐人贾岛《寄友人》："同人半年别，一别寂来音。"

[6] 王元之：北宋诗人、散文家。名禹偁（chēng），字元之，济州钜野（今山东巨野县）人，历任右拾遗、翰林学士等职。

海棠[1]

西府海棠，花色淡红，枝梗峭拔，恽南田[2]常爱写其形势。余得生绡[3]条幅[4]，每于酷寒，悬之垒壁，竟有回春之雅。其次则贴梗者，花若秾脂，蓓蕾丛生。又有名垂丝者，柔枝长蒂，花色微红。其名木瓜者，所结之实似木瓜而可食。其名梨花海棠者，色近白矣。

垂丝海棠

◎ 译文

西府海棠的花是浅红色的，枝干挺拔，恽南田常常爱画这种花的姿态。我有一幅西府海棠的生绡条幅，每当酷寒来临，挂到墙上，竟然就有了春天回来的感觉。其次则是贴梗海棠，花开时就像浓丽的胭脂，花骨朵聚集成一丛一丛的。还有名为垂丝海棠的，枝条柔软且花蒂修长，花上带着一点点的红色；名为木瓜海棠的，结出的果实就像木瓜，可以食用；名为梨花海棠的，颜色几乎是白的。

[注释]

[1] 海棠：落叶乔木。叶子为卵形或椭圆形，春季开花，呈白色或淡红色。种类很多，主要有西府海棠、垂丝海棠、贴梗海棠和木瓜海棠等。清人汪灏《广群芳谱·海棠》："海棠有四种，皆木本。贴梗海棠，丛生，单叶，花磬口深红，无香，不结子，新正即开，亦有四季花者，花五出，初极红如胭脂点点，然及开则渐成缬晕，至落则若宿妆残粉矣；垂丝海棠，树生，柔枝长蒂，花色浅红，盖由樱桃接之而成，故花梗细长似樱桃，其瓣丛密而色娇媚，重英向下，有若小莲；西府海棠，枝梗略坚，花色稍红；木瓜海棠，生子如木瓜，可食。"

[2] 恽南田：名格，字寿平，号南田，江苏常州人，明末清初书画家，擅长山水、花鸟画。

[3] 生绡（xiāo）：未漂煮过的丝织品，古代常常用来作画，也代指书画作品。宋人王安石《学士院燕侍郎画图》："六幅生绡四五峰，暮云楼阁有无中。"

[4] 条幅：长条形的书画卷轴。清人钱泳《履园丛话》："近时收藏书画者，辄曰宋元，宋元岂易言哉？即有一二卷册条幅，又为海内士大夫家珍秘，反不如降格相从，收取明人之易为耳。"

榑桑[1]

南产也，枝叶丛聚而色深碧，花有白色、黄色，红色者尤其贵重。形似木槿而艳媚过之，亦名“佛桑”。或曰：佛桑，草本也，叶似秋海棠，花色鲜红，丛生，若穗中有圆红子十数枚。

◎ 译文

扶桑产于南方，枝叶丛生聚集，颜色为深绿色，花有白色、黄色，红色的特别贵重。形状就像木槿，但是更为艳丽娇媚，又叫“佛桑”。有人认为，佛桑是草本植物，叶子像秋海棠，花色鲜红，聚集在一起生长，花穗中有十多个圆而红的果实。

[注释]

[1] 榑桑：即扶桑，常绿灌木，叶子呈椭圆形，叶边有锯齿，花有红、白、黄三色。清人汪灏《广群芳谱·扶桑》：“扶桑，一名佛桑，一名朱槿，一名赤槿，一名日及……高四五尺，产南方，枝叶婆娑，叶深绿，色光而厚，微涩如桑，花有红、黄、白三色，红者尤贵，呼为朱槿。”

木瓜[1]

余居扬郡时，小园旧有木瓜一株。春气融和，花放数枝，异香满院。一名“铁脚梨树”，花淡红色。

◎ 译文

我住在扬州的时候，小园子里以前有一株木瓜。春天暖和时，开出几枝花，整个院子里都弥漫着奇异的香气。又叫“铁脚梨树”，花是浅红色的。

[注释]

[1] 木瓜：落叶灌木或小乔木，树高5~10米，树干为红褐色，叶子呈椭圆形，春天开花，花为粉红色，果实为青色，长圆形，碗口大小。

蜡梅 [1]

此花有名“磬口”者,有名“五蒂”者,有名“檀香”者,有名“九英”者,香颇幽永,实若垂铃。名“蜡”者,因有蜡虫,嗅则伤人。

◎ 译文

蜡梅花有叫“磬口”的,有叫“五蒂”的,有叫“檀香”的,有叫“九英”的,香气非常幽远持久,它的果实就像下垂的铃铛。之所以叫“蜡”,是因为里面有蜡虫,闻了就会伤人。

蜡梅

[注释]

[1] 蜡梅：也作腊梅。落叶灌木，树干为灰褐色，叶子呈椭圆形，冬末开花，色如黄蜡。明人李时珍《本草纲目 · 蜡梅》："此物本非梅类，因其与梅同时，香又相近，色似蜜蜡，故得此名。"磬口、五蒂、檀香、九英，都是蜡梅的品名。九英的特点是花有九瓣，没有经过嫁接；磬口的花很大，盛开时也像待放的花，经过了嫁接。明人周文华《汝南圃史 · 木本花部》："(蜡梅) 凡三种，夏间子熟，采而种之，秋后发芽，浇灌得宜，数年方可分栽。不经接者，花小香淡，其品下，俗呼'狗蝇梅'，或作'九英'，以其花九瓣故也。经接者，花肥大而疏。虽盛开，花常半含，名'磬口梅'，最先开。色深黄如紫檀，花密香浓，名'檀香梅'，此品最佳。"

玉兰 [1]

花如白玉，稍含碧色而九出者，玉兰也。初夏所开，外紫内白而不能结实，或四季长开，色有黄红者，木兰[2]也。花苞尖长，俨然如笔而红焰如莲者，辛夷也，又名“木笔”[3]。然花无柔条，皆着木末，叶似菌桂，纵横扶疏，大可合抱，雪色莹莹，诚佳植也。

◎ 译文

花像白玉，略带青绿色而且有九个花瓣的是玉兰。初夏开花，花色外紫内白却不能结果的，或者四季开花，花为黄红颜色的是木兰。花苞像笔一样尖而长，红得像莲花的是辛夷，又叫“木笔”。玉兰不在柔嫩的枝条上开花，而是开在枝干的梢头，叶子就像桂树的叶子，纵横交错，疏密有致，大的玉兰树需要伸直双臂才能合围，开花时像雪一样晶莹，确实是上佳的树木。

玉兰

[注释]

[1] 玉兰：落叶乔木，树干高3~5米。叶子呈椭圆形，早春开白色花，花瓣九片，芳香如兰，因而得名。清人汪灏《广群芳谱 · 玉兰》："玉兰花，九瓣，色白微碧，香味似兰，故名。丛生，一干一花，皆着木末，绝无柔条。"

[2] 木兰：落叶乔木，树干可高达15米。叶片肥大，呈椭圆形，正面为绿色，背面为黄色。三月开花，花白色，有香气。明人李时珍《本草纲目 · 木兰》："木兰枝叶俱疏，其花内白外紫，亦有四季开者，深山生者尤大，可以为舟。"木兰有林兰、杜兰等多个别名，清人汪灏《广群芳谱 · 木兰》："木兰，一名'木莲'，一名'黄心'，一名'林兰'，一名'杜兰'。"

[3] 木笔：即辛夷。落叶乔木，树高数丈，有香气。叶像柿叶而狭长。花蕾刚刚长出的时候，苞长半寸，尖如笔头，因而得名。

山茶 [1]

叶似木樨，硬而有棱。花有数种，交冬[2]始开，延至仲春。其大如莲、红如血者，名“鹤顶红”；深黄瓣、白心红盘，名“玛瑙茶”；攒瓣深红者，名“宝珠茶”；单瓣色淡红者，名“杨妃茶”。[3]其它如赛宫粉、一捻红、千叶白者，种类不一，不可胜记。

山茶

◎ 译文

山茶叶子像木樨，坚硬并且有棱。花有多种，冬至才开，一直开到仲春时分。其中像莲花一样大、像血一样红的叫“鹤顶红”，深黄色花瓣、白色花心、底部呈红色的叫“玛瑙茶”，花瓣聚在一起呈深红色的叫“宝珠茶”，单瓣、花色浅红的叫“杨妃茶”。其他山茶，例如赛宫粉、一捻红、千叶白等，种类繁多，没有办法一一记述。

[注释]

[1] 山茶：常绿灌木或小乔木，叶片呈椭圆形，冬春开花，花形大，有红白两色。又名山椿、耐冬花、曼陀罗树。清人汪灏《广群芳谱·山茶》：“山茶一名‘曼陀罗树’。高者丈余，低者二三尺……面深绿光滑，背浅绿。经冬不脱。以叶类茶，又可作饮，故得茶名。花有数种，十月开至二月。”

[2] 交冬：即冬至。

[3] 鹤顶红、玛瑙茶、宝珠茶、杨妃茶：都是山茶的优良品种。清人汪灏《广群芳谱·山茶》：“有鹤顶茶，大如莲，红如血，中心塞满，如鹤顶，来自云南，曰滇茶。玛瑙茶，红黄，白粉为心，大红为盘，产自温州。宝珠茶，千叶攒簇，色深少态。杨妃茶，单叶，花开早，桃红色。”

使君子[1]

藤本，绕树而生，一簇十花，花分五瓣。初舒，色似淡红，久乃深赤。实长寸许，五瓣合成而有棱。初结色黄，熟则紫黑，仁如榧[2]而味如栗，能治小儿百病。

◎ 译文

使君子是藤本植物，缠绕着树干生长。一团有十朵花，每朵五个花瓣。刚开花的时候是浅红色的，慢慢变成深红。果实大约一寸长，五瓣合在一起，周围有棱边。刚结的果子颜色发黄，成熟后变成紫黑色。果仁像香榧子，味道如栗子，能治疗多种幼儿疾病。

[注释]

[1] 使君子：常绿蔓生，叶片呈椭圆形；初夏开花，花淡红色，有五瓣；深秋结果，壳外青黑有棱，内仁可入药，驱除蛔虫。民间传说郭使君治疗小儿疾病多用此药，因而得名。有留求子、史君子、五梭子、索子果等多个别名。明人李时珍《本草纲目·使君子》："今岭南州郡皆有之。生山野中及水岸，其茎作藤，如手指大。其叶如两指头，长二寸。三月生花，淡红色，久乃深红，有五瓣。七八月结子，如拇指大，长一寸许。大类栀子而有五棱。其壳青黑色，内有仁，白色。"

[2] 榧（fěi）：即香榧。常绿乔木，树高可达25米，树皮为灰绿色，叶片尖长，初夏开白色小花，秋天结果，果仁可食用，也可入药。

棕 [1]

一名棕榈，叶大如扇，四散歧裂，其茎三棱，四时不凋。干直无枝，叶长一层，即为一节。三月间木端出黄苞数枚，中有细子谓之“棕鱼”。出苞成穗，花色黄白，结实似豆而坚。根缕即棕，岁必剥之，不剥则死。

◎ 译文

棕，又叫棕榈。叶子大得像扇子，分裂成很多片，四散生长，茎干上有三道棱脊，一年四季都不凋谢。树干挺直，没有旁枝。叶子每长出一层，就成为一节。三月的时候，树的顶端长出一些黄色花苞，里边的小籽称为“棕鱼”。从花苞中长出穗子，花为黄白色，结出的果实像豆子，但是很坚硬。它的根缕就是棕，每年必须剥掉，不剥就会死去。

棕榈

[注释]

[1] 棕：即棕榈。常绿乔木，树干圆柱形，粗大直立，高可达10米，不分枝。叶片硕大，花为黄色。清人陈淏子《花镜·棕榈》："棕榈，一名'鬣(liè)葵'。本高数丈，直无旁枝。叶如车轮，丛生。木杪(miǎo)有粽皮包于木上，二旬一剥，转复上生。三月间木端发数黄苞，苞中细子成列，即花。穗亦黄白色。结实大如豆而坚，生黄熟黑。每一堕地，即生小树。"木杪，意思是树梢。

剪秋罗 [1]

花开六瓣，锯口、平铺。八月舒放，其色水红。四月开者，其色深黄，一名“剪春罗”，一名“剪春纱”；又有六月开者，其色红而鲜艳，名“夏罗”。

◎ 译文

剪秋罗花有六个花瓣，花的边缘有锯齿，花开呈平铺状。八月开花，花呈水红色。四月开深黄色花的，又叫“剪春罗”，也叫“剪春纱”。还有六月开花的，花色红且鲜艳，叫作“夏罗”。

[注释]

[1] 剪秋罗：多年生草本植物。直立生长，叶子呈椭圆形，花瓣多为五瓣，边缘呈锯齿状，像剪出的形状。明人高濂《遵生八笺·剪秋罗花五种》：“花有五种，春、夏、秋、冬罗，以时名也。春、夏二罗，色黄红，不佳。独秋、冬红深色美，亦在春时分种。喜肥则茂。又一种色金黄，美甚，名金剪罗。”清人汪灏《广群芳谱·剪秋罗》：“剪秋罗，一名‘汉宫秋’，色深红，花瓣分数岐，尖峭可爱，八月间开。”

剪春罗

梅[1]

余观梅于庾岭、罗浮[2]、邓尉香雪海[3]，以及林逋[4]墓上阁部祠前，可谓盛矣。旧有小楼数间，在扬城西北隅，环植绿萼数株，倩[5]邓完伯书“莫吹篴”[6]三大字，颜[7]之，内设盆盎数十，植冰梅、墨梅、红绿梅花于案头几上，参差错落，香盈满室。招老姜①、梅叔饮酒赋诗，转瞬十余年间，已成今古，思之慨然。

◎ 译文

我曾经在庾岭、罗浮、邓尉香雪海以及林逋墓上阁部祠观赏梅花，可以说是非常繁盛了。以前我在扬州西北角有好几间小楼，周围种着好几株绿萼，请邓完伯在匾额上题写了“莫吹笛”三个大字。里面放了数十个花盆，桌案上摆放着冰梅、墨梅、红绿梅花，高高低低，错落有致，满屋子都弥漫着梅香。邀请老姜、梅叔过来喝酒作诗。转眼十几年过去，早已成了古老的往事，每每想到这些，种种感慨便油然而生。

[校记]

① 原文作“薑”，是“姜”字的古代写法，今改正。

梅花

[注释]

[1] 梅：落叶乔木，叶子呈卵形，早春开花，以红色、白色为主，气味清香。果实呈球形，生青熟黄，味酸，可食用，也可腌制、入酒等。明人李时珍《本草纲目·梅》："梅，花开于冬而实熟于夏，得木之全气，故其味最酸，所谓曲直作酸也。"古人赋予梅花有高洁芬芳、凌霜傲骨的文化内涵，诗作中多有吟诵。

[2] 庾岭、罗浮：均为山名。庾岭即大庾岭，又名梅岭，在江西大庾县南；罗浮在广东博罗县。自古以来，这两座山就以梅花闻名于世。

[3] 邓尉香雪海：邓尉，山名，在江苏苏州市，东汉太尉邓禹曾经隐居在山上，因而得名。每年二月，邓尉山上梅花吐蕊，势如雪海，故有"香雪海"的美誉，是江南著名的赏梅胜地。

[4] 林逋：字君复，北宋隐逸诗人。他隐居西湖孤山，终生不仕不娶，酷爱植梅养鹤，自称"以梅为妻，以鹤为子"，世称"梅妻鹤子"。

[5] 倩：请。清人黄六鸿《福惠全书·钱谷》："倩雇之人，计日算工。"

[6] 莫吹篴：出自唐代无名氏的赏梅诗："南枝向暖北枝寒，一种春风有两般。凭仗高楼莫吹笛，大家留取倚阑干。"篴是笛字的古代写法。

[7] 颜：题字作为匾额，也指匾额上的字。清人沈复《浮生六记·闺房记乐》："迁仓米巷，余颜其卧楼曰'宾香阁'，盖以芸名而取如宾意也。"

甘棠[1]

今之"棠梨"也。树似梨，叶圆而有三歧，二月白花，结实如小楝子[2]。又有赤花者，实不可食。

◎ 译文

甘棠就是今天所说的"棠梨"。树像梨树，叶子圆形，上边有三个分叉。二月开白花，结出的果实像小楝子。又有开红花的，果实不可以吃。

[注释]

[1] 甘棠：即棠梨，俗称"野梨"。落叶乔木，树干灰褐色，叶子椭圆形，果实黄色，比梨略小，皮外有褐色斑点，果小味酸，不能食用。常常用作嫁接各种梨树的砧木。明人李时珍《本草纲目·棠梨》："棠梨，野梨也。处处山林有之，树似梨而小，叶似苍术叶，亦有团者、三叉者，叶边皆有锯齿，色颇黪（cǎn）白，二月开白花，结实如小楝子大，霜后可食，其树接梨甚嘉，有甘酢、赤白二种。"黪，意思是青黑色。

[2] 楝（liàn）子：楝树的果实。楝树，落叶乔木，春夏开淡紫色花，果实球形，生青熟黄，味苦。

巨胜[1]

游仙诗 :“琼岛香舒巨胜花。”巨胜，胡麻也。方茎，叶团而末分三丫，亦有两尖者，秋花白色，亦有带紫艳色者。节节生枝，角长寸许，或四棱、或六棱、或七八棱。一房数百子，子有赤、白、黑三色，黑色者佳。其油能解诸毒，花能生眉，秸能辟恶，叶能乌发，滓能肥鱼，故仙人爱以胡麻作饭、巨胜为羹者，良有以也[2]。

◎ 译文

游仙诗“琼岛香舒巨胜花”中的巨胜，就是胡麻。茎秆呈方形，叶子团聚在一起，茎梢长出三个枝丫，也有两个枝丫的。秋天开白色花，也有带点紫色、比较艳丽的。每一节都能长出小枝，果实大约一寸长，有四棱的、有六棱的、也有七八棱的。一个果实中有数百颗籽粒，籽粒有红、白、黑三种颜色，黑色的才是好的。胡麻榨出的油可以解各种毒，花能让眉毛长得更好，秸秆可以避邪，叶子能够让头发变黑，渣滓能够养出大鱼，所以仙人喜欢用胡麻做饭、做羹汤，确实是有原因的。

芝麻

[注释]

[1] 巨胜：即芝麻。一年生草本植物。种子小而扁平，有白、黑、黄、褐等不同颜色。可以食用，也可以榨油。古代又称胡麻、油麻、脂麻，原产于西域。汉地出产的则称大麻、汉麻。宋人沈括《梦溪笔谈·药议》："胡麻直是今油麻，更无他说，予已于《灵苑方》论之。其角有六棱者，有八棱者。中国之麻，今谓之大麻是也。有实为苴麻，无实为枲麻，又曰牡麻。张骞始自大宛得麻油之种，亦谓之麻，故以胡麻别之，谓汉麻为大麻也。"

[2] 良有以也：良，确实；以，原因。南宋陈旉（fū）《农书·节用之宜篇》："古者一年耕必有三年之食，三年耕必有九年之食。以三十年之通，虽有旱干水溢，民无菜色者，良有以也。"

八丹杏[1]

即巴旦杏。实小肉薄，其核如梅，其仁甘脆，果之佳者。近山左亦有之。

◎ 译文

八丹杏就是巴旦杏。果实小，果肉少，果核像梅子的核，果仁甜脆，是非常好吃的果子。靠近山东的地方也有这种果树。

[注释]

[1] 八丹杏：即巴旦木，波斯语的音译。落叶乔木。叶呈披针形，果实稍扁，果肉薄而汁少。果仁有甜有苦，成分和功效大致与杏仁相同。古代又叫忽鹿麻、八担杏、八达杏。明人李时珍《本草纲目·巴旦杏》："巴旦杏……树如杏而叶差小，实亦尖小而肉薄，其核如梅核，壳薄而仁甘美，点茶食之，味如榛子，西人以充方物。"方物，意思是土特产品。

李[1]

一名“嘉庆子”。叶攒秾绿，花小繁白，实有甘、酸、苦、涩之殊，色有红、黄、紫、绿、青、白之别，大有如樱、如弹、如卵、如杯之异，其核又有离者、合者，有无核者。有经霜雪熟而名“冬李”者最佳。前明李树有生王瓜者，不详①。

[校记]

① 原文作“祥”，文义不通，今改正。

◎ 译文

李也叫“嘉庆子”。叶子聚集生长，呈深绿色。花小而多，白色。果实有甜、酸、苦、涩等不同味道，有红、黄、紫、绿、青、白等各种颜色，个头小的像樱桃、弹丸，个头大的像鸡蛋、杯子，果核又有分开的、合在一起的，还有无核的。霜雪之后成熟的冬李是最好的品种。明朝时，据说有李树结出了王瓜，不知道是真是假。

[注释]

[1] 李：一种常见的果树，也指它的果实。落叶小乔木，叶子呈椭圆形，花为白色，果实为圆形，果皮为紫红、青绿或黄绿，果味甘甜。明人李时珍《本草纲目·李》：“东都嘉庆坊有美李，人称为‘嘉庆子’……李绿叶白花，树能耐久，其种近百。其子大者如杯如卵，小者如弹如樱。”

柿[1]

花无可观，叶甚繁，索靖[2]尝积取学书[3]。结实于淮南者涩不能食，亦如橘不能至淮北，风土之异如此。实干成饼而生霜，霜能疗咽喉口舌肺症。其叶经霜则赤，与江南枫叶不甚相远。

◎ 译文

柿子树的花没有观赏价值，叶子非常繁茂，索靖曾经用储存的叶子练字。柿树在淮河以南结出的柿子，苦涩不能吃，就像橘子不能移种到淮北一样。各地的风土，竟然有这样大的差别。果实晒干成饼后，上面会有一层霜，能够治疗咽喉、口舌、肺部的疾病。柿树叶子经过霜打就会变红，和江南的枫叶差不多。

[注释]

[1] 柿：一种常见的果树，也指它的果实。落叶乔木。叶子呈椭圆或长圆形，花为黄白色，果实为圆形，橙黄色或淡红色，可以食用。清人汪灏《广群芳谱·柿》："树高大，枝繁，叶大圆而光泽。四月开小花，黄白色。结实青绿色，八九月乃熟。"

[2] 索靖：字幼安，敦煌龙勒（今甘肃敦煌）人，西晋将领、书法家，先后担任尚书郎、雁门太守、散骑常侍、游击将军等职。他擅长草书，其文《草书状》对书法的演变、风格、气韵、用笔及章法等有比较精辟的论述。

[3] 积取学书：这里的说法很可能有误。不少古书都记载了唐代书法家郑虔用慈恩寺柿叶练字的典故，如，《新唐书·郑虔传》："虔善图山水，好书，常苦无纸，于是慈恩寺贮柿叶数屋，遂往，日取叶肄（yì）书，岁久殆遍。"肄书，意思是练习书法。

山楂[1]

尝种山楂树于盆，高尺余，枝柯[2]繁茂，叶有五尖，色青背白，桠杈[3]有刺，花白五出，实颇垂垂，经霜纯赤，可观。

◎ 译文

我曾经把山楂树种在花盆中，有一尺多高，树枝繁茂，叶子有五个小尖，正面青色，背面白色，树枝分叉的地方长着刺。花是白色，有五个花瓣，果实累累下垂，霜打过后就变成了纯红色，很值得观赏。

[注释]

[1] 山楂：落叶乔木，叶子呈卵形，边缘有锯齿，夏天开白色花，秋天结果。果实成熟后为深红色，表皮有小斑点，味道酸甜，可食用，也可入药。明人李时珍《本草纲目·山楂》："树高数尺，叶有五尖，桠间有刺。三月开五出小白花。实有赤、黄二色，肥者如小林檎，小者如指头，九月乃熟，小儿采而卖之。"

[2] 枝柯：树木的枝条。明人高启《养蚕词》："三眠蚕起食叶多，陌头桑树空枝柯。"

[3] 桠杈：指树木分枝的部位。北宋蒋堂《栀子花》："庭前栀子树，四畔有桠杈。未结黄金子，先开白玉花。"

杨梅[1]

树叶形似荔枝。二月有花，结实亦如荔枝，实无皮壳，肉在核上。色有红、有紫、有白，红色者胜白，白色者胜紫。然不熟则酸，熟则如蜜，江以南与卢橘[2]并美。

◎ 译文

杨梅与荔枝的叶子外形相似。二月开花，果实也像荔枝，没有皮和壳，果肉长在果核上。果实有红、紫、白三色，红色的胜过白色的，白色的又胜过紫色的。但是，杨梅在还没有成熟的时候，味道是酸的，成熟后就会像蜜一样甜。在长江以南地区，杨梅足以媲美金橘。

[注释]

[1] 杨梅：常绿乔木，叶子呈椭圆形，花为褐色，果实呈球形，味道酸中带甜，可食用。又叫圣生梅、白蒂梅、树梅。明人李时珍《本草纲目·杨梅》："杨梅，树叶如龙眼及紫瑞香。冬月不凋，二月开花结实，形如楮实子，五月熟。"

[2] 卢橘：即金橘。常绿灌木，秋冬果实成熟，色黄味酸，果皮甘香。明人李时珍《本草纲目·金橘》："此橘生时青卢色，黄熟则如金，故有金橘、卢橘之名……其树似橘，不甚高大。五月开白花结实，秋冬黄熟。"

枣[1]

枣花纂纂，诗人美之。枣实离离，仙人爱之。余因种数十株于空园，当暖风子赤之时，浑如火齐、木难[2]错杂于翡翠林中，大可观也。

◎ 译文

枣花花团锦簇，诗人赞美它。枣子硕果累累，仙人喜爱它。我曾在空院子中种了几十棵，到了枣子熟透的炎炎夏日，就像一颗颗宝石高低错落地散布在翡翠般的叶子中间，确实是一大盛景啊！

[注释]

[1] 枣：落叶小乔木，叶子呈椭圆形，夏天开黄色小花，秋天果实成熟，呈圆球形，生青熟红。

[2] 火齐、木难：均为宝珠名。《梁书·诸夷传》："火齐状如云母，色如紫金，有光耀。裂之则薄如蝉翼，积之则如纱縠之重沓也。"西晋崔豹《古今注·草木》："莫难珠，一名'木难'，色黄，出东夷。"这里比喻枣子如宝石般可爱。

白菜

菜

叶碧花黄，香清致逸，真吾儒至味也。余生江左，当暮春时，剪菜花一丛，置牡丹花侧，大有不移不淫[1]之雅。当秋风细雨之天，命荆钗布裙之妇，以晚香稻作饭，佐以瓢儿菜[2]羹，此中风味，恐富贵者不能谙也。移家山左，所爱者芸薹菜[3]也，京师至美黄芽菜[4]也，燕赵之郊莙荙菜[5]也，楚粤蕹菜[6]，浙闽白菜，江左之地踏乌菜[7]，皆至味也。惟蔓菁[8]，花紫味苦，俗名“诸葛菜”，别有风趣。

◎ 译文

菜叶翠绿，菜花黄色，香味清雅悠远，确实是读书人最喜欢的美味。我生在江左，每到晚春时节，剪一把菜花，放在牡丹旁边，“富贵不能淫，贫贱不能移”的雅兴就会油然而生。秋风细雨的日子里，让荆钗布裙的妇人，用晚香稻煮成米饭，再加上瓢儿菜做成的汤羹，这其中的滋味，恐怕是富贵人家永远也体会不到的。我把家搬到山东以后，最喜欢吃芸薹菜，还有京城人喜欢的黄芽菜，河北一带的菪莛菜，两湖两广地区的蕹菜，浙江福建的白菜，江苏一带的踏乌菜，都是世间的美味。除了这些，还有蔓菁，花是紫色的，味道是苦的，俗名叫作“诸葛菜”，也别有一番风味。

[注释]

[1] 不移不淫：既不会改变志向，也不会迷乱心性。出自《孟子·滕文公下》：“富贵不能淫，贫贱不能移，威武不能屈，此之谓大丈夫。”移，改变；淫，迷惑。

[2] 瓢儿菜：又名瓢儿白。二年生草本植物，植株贴地生长，叶子外形像水瓢，呈墨绿色，是江南地区比较常见的青菜。《江南通志·物产》：“瓢儿菜，出冬月者味甘美，冠于他蔬。郡城特产也。或取其种植于他邑，则味变而质粗矣。”清人厉鹗《秦淮怀古》之四：“荒畦尽种瓢儿菜，乐府新停燕子笺。”

[3] 芸薹菜：即油菜。一二年生草本植物。三月开黄色花，叶子绿色，茎叶略带苦味，种子可以榨油。明人李时珍《本草纲目·芸薹》：“此菜易起薹，须采其薹食，则分枝必多，故名‘芸薹’；而淮人谓之‘薹芥’，即今油菜，为其子可榨油也……生叶形色微似白菜，冬春采薹心为茹，三月则老不可食。开小黄花，四瓣，如芥花。结荚收子，亦如芥子，灰赤色。”

[4] 黄芽菜：白菜的变种之一。白菜收获以后，《授时通考 · 白菜》："北方多入窖内，燕京圃人又以马粪入窖壅培，不见风日，长出苗叶皆嫩黄色，脆美无滓，谓之'黄芽菜'，乃白菜别种。茎叶皆扁。"

[5] 莙荙菜：一年或二年生草本植物。叶子为菱形，有长柄，绿色或紫红色，嫩叶可食用。又名菾（tián）菜、甜菜、牛皮菜、厚皮菜等。明人李时珍《本草纲目 · 菾菜》："正二月下种，宿根亦自生。其叶青白色，似白菘菜叶而短，茎亦相类，但差小耳。生熟皆可食，微作土气。"

[6] 蕹（wèng）菜：即空心菜。一年生草本植物。茎秆中空，叶柄长，夏秋开白色或淡紫色花，形如喇叭。嫩茎可以食用。又叫藤菜、通菜、蓊菜等。明人李时珍《本草纲目 · 蕹菜》："蕹菜，今金陵及江夏人多莳之。性宜湿地，畏霜雪，九月藏入土窖中，三四月取出，壅以粪土，即节节生芽，一本可成一畦也。干柔如蔓而中空，叶似菠薐。"

[7] 踏乌菜：即塌棵菜，白菜的变种之一。二年生草本植物，叶子近圆形，墨绿色，叶面褶皱，贴地生长，花淡黄色。又名乌塌菜、塌菜。

[8] 蔓菁：即芜菁，也就是大头菜。花为黄色，块根可做蔬菜。相传诸葛亮最早认识到蔓菁的诸多优点，下令在军队驻地大量种植蔓菁。蜀地百姓当时还不知道它的名字，于是就称之为"诸葛菜"。

椒

花椒[1]，木本。秉五行[2]：叶青、皮赤、花黄、膜白、子黑。四月发花，五月结子，叶对生，有刺。服之坚齿明目，然闭口者亦能杀人。又胡椒[3]，生外洋，蔓本，叶长条细，结子相对。其叶朝舒暮合，合则裹其子于叶中，其味较辣。又番椒[4]，草本，叶大花白，结子下垂，皮色青黄，霜后鲜红。或有形如羊角者，颇可玩味。

◎ 译文

花椒，木本植物。它秉承五行之理：叶子青色、皮红色、花黄色、膜白色、果实黑色。四月开花，五月结果实，叶子相对而生，枝上有刺。吃了可以固齿明目，但是不开口的花椒吃了也可能会死人。又有胡椒，外国出产，藤蔓植物，叶子长、枝条细，果实相对而生。它的叶子早晨舒展，晚上闭拢，叶子闭拢后就裹住了果实，味道比较辣。又有辣椒，草本植物，叶子大，花白色，结出果实后下垂，皮为青黄色，经霜后变成鲜红色。还有形状像羊角的，很值得观赏。

[注释]

[1] 花椒：落叶灌木或小乔木，枝上有刺，花为黄绿色，果实呈球形，暗红色，种子为黑色，可以做调味的香料。亦指这种植物的种子。《授时通考 · 椒》：“四月开细花，五月结子，生青熟红，为油，亦可食。”

[2] 五行：金、木、水、火、土。古人认为这是构成各种物质的元素，以此说明世间万物的形成和变化。将它们与白、青、黑、赤、黄这五种颜色分别对应，也是五行学说的基本观点之一。

[3] 胡椒：常绿灌木。叶子为卵形或长椭圆形，花小呈黄色，果实为球形，成熟时红色，晒干后变为黑色，叫“黑胡椒”，去皮后叫“白胡椒”。

[4] 番椒：即辣椒，又名大椒。一年生草本植物，叶子呈卵状或披针形，花为白色，果实为青色，成熟后变成红色。一般有辣味，主要供食用。

荔支[1]

树形如盖，叶似冬青，小白花，结子多双实，壳有绉纹如罗，肉如肪玉，味甘多汁。其名百种，红色居多，然以味论，绿色为佳。谱以闽荔为上，蜀次之，岭南又次之[2]。余在岭南食之，已堪绝美，后在闽所食，竟不能分其伯仲。

◎ 译文

荔枝树形像伞盖，叶子像冬青，开小白花，结出的果实大多是成对的，果壳上有皱纹，就像丝罗一样。果肉如白玉，味道甘甜，汁水极多。品种号称有上百种，以红色居多。不过，从味道上说，绿色的更好吃一些。《荔枝谱》认为，福建荔枝最好，其次是蜀地出产的，再次是岭南的。我在岭南吃过的荔枝，已经称得上绝好的美味了，比之后来在福建吃的荔枝，竟然不能分出高下。

[注释]

[1] 荔支：即荔枝，常绿乔木，多分布于热带地区，树高可达10米，夏天结果，果实呈心形，青绿色，成熟后为红色，壳上有鳞状花纹，果肉白色，多汁，味道甘甜。西晋嵇含《南方草木状》卷下："荔枝树，高五六丈余，如桂树，绿叶蓬蓬，冬夏荣茂，青华朱实，实大如鸡子，核黄黑似熟莲，实白如肪，甘而多汁，似安石榴。"

[2] 谱以闽荔为上，蜀次之，岭南又次之：这里的"谱"，指北宋蔡襄的《荔枝谱》，该书对各地荔枝的优劣进行了评述："荔枝之于天下，唯闽粤、南粤、巴蜀有之。汉初，南粤王尉佗以之备方物，于是始通中国……今之广南州郡与夔梓之间所出，大率早熟，肌肉薄而味甘酸，其精好者仅比东闽之下等。"夔梓，指巴蜀一带。

龙眼 [1]

枝、柯、花、叶宛如荔支。惟结子若穗，一穗百余子，少亦五六十子，子肉薄而有浆，以此稍异。余时入广州，时在梧州 [2]，得尝斯味，已觉冠顶醍醐 [3]，后食荔支，差堪作匹。然荔支性热，不逮 [4] 龙眼远矣。

◎ 译文

龙眼的枝干、花、叶子都像荔枝。只有果实是穗状的，每串有一百多个果实，少的也有五六十个。果实肉薄，里边有浆水，与荔枝略有不同。我时不时地去广州，也经常到梧州，品尝了龙眼的味道以后，感觉就像醍醐灌顶一样，后来又吃了荔枝，觉得差不多可以与龙眼媲美。但是荔枝是热性的，这一点比龙眼差远了。

[注释]

[1] 龙眼：常绿乔木，树高可达10米。花为黄白色，果实与荔枝相似而略小，成熟后为黄色，又名桂圆、益智，是福建、广东等地的特产。唐人刘恂《岭表录异》卷中："荔支方过，龙眼即熟。"

[2] 梧州：今广西梧州市。

[3] 冠顶醍醐：即醍醐灌顶。一般用来比喻向人灌输知识，使人彻悟。醍醐，指牛奶炼成的乳酪。这里形容清凉舒适的感觉。元人王祯《农书》卷8："其宿酲未解，病暍（yē）未苏，得此而食，世俗所谓醍醐灌顶，甘露洒心，正谓此也。"暍，意思是中暑。

[4] 不逮：不及。逮，赶得上。

银杏 [1]

即白果也。世传白果开花于夜静，旋开旋落，人多不能见，此齐东语也。余购一株，长不满尺，枝叶扶疏，叶形鸭掌，花淡绿色，傍叶而开，两三日方落，落后蒂绿豆大，渐大渐垂，色碧可玩，将熟则带黄矣。此余朝夕亲见，想所传树高花小、色与叶混，此故不易见也。

银杏

◎ 译文

银杏就是白果。世间传说白果在夜深人静时开花，边开边落，人们大多看不到，这是山东一带的说法。我买了一株银杏，高不到一尺，枝叶浓密，叶子的形状就像鸭掌，花为浅绿色，在叶子旁边开放，两三天才落，花落后的花蒂像绿豆一样大小，渐渐变大而且下垂，颜色绿油油的，十分好看，快要成熟的时候，渐渐有了一些黄色。这是我从早到晚亲眼所见，想到树高花小、花色和叶子混同的传言，这确实是难得一见的景象。

[注释]

[1] 银杏：落叶乔木。叶子为扇形，果实为椭圆形，寿命可达千年以上。又称白果、鸭脚，明人李时珍《本草纲目·银杏》："原生江南，叶似鸭掌，因名鸭脚。宋初始入贡，改呼银杏，因其形似小杏而核色白也。今名白果。"也称公孙树，清人陈元龙《格致镜原·银杏》："银杏二更开花，三更结实。又名公孙树，言其实久而后生，公种而孙方食取之者。"

耐冬 [1]

是花出山东登莱 [2] 间，性不畏寒，于大雪纷纷之际而花正舒艳，色似牡丹，瓣如山茶，叶似桂，五色炫烂于冰山之侧，初疑为像生 [3] 也，又疑为唐花 [4] 也，天工造化，真令人不可测。

◎ 译文

这种花产自山东登莱一带，生性不怕寒冷，在大雪纷飞的时节，花开得舒展而艳丽，花色像牡丹，花瓣像山茶，叶子像桂叶，五彩斑斓地开放在雪山旁边，初看怀疑是假花，又怀疑是温室培育的。大自然的神奇造化，真的不是人类能够测度的。

[注释]

[1] 耐冬：即山茶花。常绿阔叶灌木或者小乔木。叶子为深绿色，呈卵形或长椭圆形，边缘有锯齿。花为深红或大红色，种子为淡褐色或黑褐色。四季常青，耐寒耐旱，因而得名。清人王士祯《香祖笔记》卷10："崂山多耐冬花。花色殷红，冬月始盛开，雪中照耀山谷，弥望皆是，说者谓即南中之山茶。然花不甚大，所云'海红花'是也。"

[2] 登莱：登州、莱州的合称，古代行政区划名，包括今山东烟台、青岛、威海和潍坊等地。

[3] 像生：仿照天然物品制成的工艺品，明人曹学佺《看灯词》："随分梳妆浅淡衣，像生花朵闹蛾飞。"这里指假花。

[4] 唐花：即堂花。在室内用人工加温的方法培育出的花卉。清人王士禛《居易录谈》卷下："今京师腊月即卖牡丹、梅花、绯桃、探春，诸花皆贮暖室，以火烘之，所谓堂花，又名'唐花'是也。"

茗[1]

余于山东购得一株，四五月间，细花如雪，质如橛柄，条如小指，叶如紫薇，颇可玩赏。

◎ 译文

我在山东买到一株茶树，四五月间开出了雪片一样的小花，树干像镢头的把柄一样粗，枝条像小手指一样粗，叶子像紫薇的叶子，很值得玩味。

[注释]

[1] 茗：茶树的嫩芽，这里指茶树。灌木或小乔木，花为白色，叶子呈椭圆形或披针形，经焙制加工后就成了茶叶，可以制作饮料。唐人陆羽《茶经》："茶者，南方之嘉木也。一尺、二尺乃至数十尺。"

玉簪

玉簪 [1]

草本，丛生，茎似白菜，叶大如掌，叶色颇莹，而纹若车前子[2]，丛抽数茎，茎生数小叶，每小叶出一花朵，长二三寸，形似玉搔头[3]。开时四出或五出，花须顶尖，黄蕊环列，一须独长。香味甚清，子如豌豆，有紫花者，花叶皆小，名“红玉簪”，捣根着牙即堕[4]。

◎ 译文

玉簪属于草本植物，集聚生长，根茎像白菜，叶子如手掌大小，颜色晶莹透亮，纹路像车前子一样，花丛中长出几根茎条，茎条又长出几片小叶子，每片叶子长出一个花朵，二三寸长，形状就像玉搔头。开出的花有四瓣的，也有五瓣的，花蕊的顶部，黄蕊呈环状排列，其中有一根特别长的花蕊。味道十分清香，果实像豌豆。有一种开紫花的，花叶都很小，名为“红玉簪”，捣烂以后的根一旦碰到牙齿，牙齿就会掉下来。

[注释]

[1] 玉簪：多年生草本植物，叶片较大，呈心形，夏天开白色花，形状像百合花，其中的一根花蕊特别长。清人汪灏《广群芳谱·玉簪》：“汉武帝宠李夫人，取玉簪搔头，后宫人皆效之，玉簪花之名，取此。一名‘白萼’，一名‘白鹤仙’，一名‘季女’。白萼象其色，白鹤象其形，季女象其卦，处处有之。”

[2] 车前子：多年生草本植物。叶子呈长卵形，夏天开花，淡绿色，果实为纺锤形。叶子和种子可以入药。元人胡古愚《树艺篇·草类》：“车前子，即芣苢也。大叶长穗，好生道旁，一名‘马舄（xì）’，一名‘蛤蟆衣’。”

[3] 玉搔头：女子的玉质发簪。出自《西京杂记》卷2：“武帝过李夫人，就取玉簪搔头。自此后宫人搔头皆用玉，玉价倍贵焉。”

[4] 捣根着牙即堕：古人认为紫花玉簪的根具有腐蚀性，容易损坏牙齿。清人汪灏《广群芳谱·玉簪》：“又有一种小紫，五月开花小白，叶石绿色，此物损牙齿，不可着牙根。”

丽春 [1]

一名“虞美人”。花之形状宛似米囊，但枝叶柔媚，花小于米囊，而艳丽过之。余尝以白矾石盆，栽茜色[2]鲜明者数枝，傍衬太湖小石[3]，置东洋几于书案，选妙伶手指晰白者吹笙花下，用红螺杯酌以美酝，微风轻扬，真可呼之欲活！

虞美人

◎ 译文

丽春，也叫“虞美人”。花的形状就像罂粟花，但是枝叶柔嫩婉媚，花比罂粟小，却更为艳丽。我曾经用白矾石花盆种了几枝绛红色的丽春，旁边衬着小小的太湖石，放在书案的东洋小桌上，挑选了一位手指白皙的妙龄女伶在花下吹笙，我用红螺杯品尝着美酒，在微风的轻轻吹拂下，盆里的花顿时就变得栩栩如生了。

[注释]

[1] 丽春：即虞美人。一年或二年生草本植物，初夏开花，花瓣呈圆形，花色为紫红、粉红、橙黄等。清人陈淏子《花镜·虞美人》：“虞美人，原名‘丽春’，一名‘百般娇’，一名‘蝴蝶满园春’，皆美其名而赞之也，江浙最多。丛生，花叶类罂粟而小。”

[2] 茜（qiàn）色：绛红色。唐人李群玉《黄陵庙》：“黄陵庙前莎草春，黄陵女儿茜裙新。”

[3] 太湖小石：即太湖石，制作假山的石料，上边有很多因湖水侵蚀而形成的孔洞。

山丹

山丹 [1]

根似百合，茎短叶狭，似柳。花有红白二色，其瓣六出，开最耐久，亦有四季开者，又有高如人者。花大如碗，瓣皆反卷，有红黑斑点。叶杈生，子又有长尺许者。花色如硃，当秋盛开。根竟可食。

◎ 译文

山丹的根像百合，茎秆短小，叶子细长，与柳叶相似。花有红、白两色，它的花有六瓣，开的时间最久，还有四季都开的，又有像人一样高的。大的花就像碗，花瓣向外翻卷，上面有红黑色的斑点。叶子分叉生长，有的果实长达一尺左右。花色犹如朱砂，秋天盛开。它的根可以吃。

[注释]

[1] 山丹：多年生草本植物，地下鳞茎呈卵形，白色。花为红色或橘红色，花叶都与百合相似。清人陈淏子《花镜·山丹》："山丹，一名渥丹，一名重迈，根叶似夜合而细小，花色朱红。"

滴滴金[1]

六月所开之黄菊花也。其千瓣者，琐碎层层。瓣色轻黄，花心重黄，中有一点微绿，千花无讹，可谓巧矣。

◎ 译文

滴滴金就是六月开花的黄菊。多重花瓣的滴滴金，花朵细小，层层叠叠。花瓣呈淡黄色，花心为深黄色，中间带着一点点绿色。所有的花都没有什么差别，也可以算是非常巧妙了。

[注释]

[1] 滴滴金：菊花品名。夏天开花，花金黄色，露水滴进梢头就会开花，因而得名。又名夏菊、艾菊、旋覆花。北宋史铸《百菊集谱·滴滴金》："花瓣最细，凡二三层，明黄色，心乃深黄，中有一点微绿，自六月开至八月。俗说遍地生苗者，由花梢头露水滴而出也，故名'滴滴金'。予尝与好事者斸（zhú）地验其根，其根即无联属。方知此说不妄。"斸即锄头，这里的意思是用锄头锄开。

蓍[1]

蓍草能知吉凶，屈轶[2]能指邪佞。谁谓草木之无情耶？屈轶惜未见，蓍则见于圣陵[3]。花生枝上，形似野菊，色近红紫，结实如艾子[4]然。

◎ 译文

蓍草能够预知吉凶，屈轶能够辨别奸佞，谁说草木无情呢？可惜的是，我没有见过屈轶。蓍草，我在圣陵看到过。花长在枝头，外形就像野菊花，差不多是红紫色，结出的籽实就像食茱萸一样。

[注释]

[1] 蓍（shī）：即蓍草。多年生草本植物。茎秆直立，花呈伞状，有白色、粉色、红色等。古人用它的茎占卜凶吉。唐人刘长卿《岁日见新历因寄都官裴郎中》：“愁占蓍草终难决，病对椒花倍自怜。”

[2] 屈轶：也写为“屈佚”，传说中的一种草，据说能够识别奸佞。西晋张华《博物志·异草木》：“尧时有屈佚草，生于庭，佞人入朝，则屈而指之。一名‘指佞草’。”

[3] 圣陵：指孔子的陵寝，在今山东省曲阜。

[4] 艾子：食茱萸的别名。落叶灌木或小乔木。果实红色，气味辛香。食茱萸、山茱萸、吴茱萸是茱萸最常见的三个品种。食茱萸的果实主要供食用，山茱萸、吴茱萸主要供药用。

灵芝

芝 [1]

蓍称神草，芝为瑞草，然所见图画而已。曩 [2] 见骨董 [3] 家有枯芝一枝，书之所载，似未可信。余尝舟泊君山 [4]，登岸数武 [5]，草色茸茸，矗然一石傍生数芝，五色焕发，形状大似骨董家所见。今年甜果树木贴生三芝，椏生一芝，面皆紫茸色而有宝光，背金黄色，面、背之色日凡数易，观之者咸以为瑞。

◎ 译文

蓍，号称神草；芝，号称瑞草。人们所见到的仅仅是图画而已。从前我在一个古玩收藏家那里见过一株枯萎了的灵芝，书上记载的那些，似乎并不可信。我曾经乘船到君山，上岸后还没走几步，就看见丛生的青草中，矗立着一块石头，旁边长着几株灵芝，五彩斑斓的，形状很像在古玩收藏家那里看到的样子。今年甜果树上贴着长出了三株灵芝，枝丫上也有一株，正面是毛茸茸的紫色，还散发着宝石般的荧光，背面是金黄色。正面、背面的色泽，一天之内多次变幻，看到的人都认为是祥瑞之兆。

[注释]

[1] 芝：即灵芝。菌类植物，生枯木上，形如蘑菇，有青、赤、黄、白、黑、紫等色。古人认为服食之后可以成仙，故又名灵芝。

[2] 曩（nǎng）：以往，从前。清人李岳瑞《悔逸斋笔乘》："吾曩闻此公有异术，尚未之信，今果然。"

[3] 骨董：即古董，本来指珍贵的古代器物，这里借指这些器物的收藏者。南宋吴自牧《梦粱录·团行》："买卖七宝者谓之骨董。"

[4] 君山：在今湖南省岳阳洞庭湖中。

[5] 武：半步。清人邵廷采《东南纪事》卷3："展书必跪，膝行数武。"

瑞香[1]

枝干婆娑，条柔叶厚，长青不败。开花成簇，状如丁香，色有黄、紫、白及粉红者，内有挛[2]枝，紫色者香尤馥郁。叶似枇杷叶者有子，挛枝者其节挛曲，如断折状。其性畏热畏寒，香气能损它花，须另置。

◎ 译文

瑞香枝干繁茂，枝条柔软，叶子厚大，四季常青。它的花成簇开放，形状像丁香，有黄、紫、白和粉红等花色，里面长有弯曲的小枝，紫色瑞香的香气尤其浓郁。叶子像枇杷叶的瑞香才能结果实，长着弯曲小枝的，它的枝节也是弯的，就像断了的样子。瑞香天性怕热怕冷，香气会影响别的花，必须单独种植。

[注释]

[1] 瑞香：常绿灌木，叶子呈长椭圆形，花为黄白或紫色，香气浓郁。宋人陶谷《清异录》："庐山瑞香花始缘一比丘，昼寝盘石上，梦中闻花香酷烈，及觉，求得之，因名'睡香'。四方奇之，谓为花中祥瑞，遂名'瑞香'。"明代无名氏《花史·瑞香》："瑞香花，树高者三四尺许，枝干婆娑，叶厚，深绿色，有杨梅叶者，有枇杷叶者，有柯叶者，有球子者，有栾枝者。花紫色，性喜温润，他有黄白二色者，特野瑞香耳。"

[2] 挛（luán）：弯曲，不舒展。南宋庄季裕《鸡肋编》卷上："江浙无兔，系笔多用羊毛，惟明、信州为佳，毛柔和而不挛曲。"

凌霄 [1]

其花蔓绕，得木而上，可高数丈。蔓间生软茎如爪，缠木坚甚。春枝生叶，其叶齿齿[2]。生花一茎十数朵，大如牵牛。花头五瓣，赭黄色，有红色点。八月结荚，如豆角状，妇女嫌其空而易落，不喜插戴。

◎ 译文

凌霄花藤蔓缠绕，顺着树身往上，可以爬到几丈高。藤蔓中间有爪子一样的软茎，把树身缠得很紧。春天，枝条上长出叶子，像牙齿一样整齐地排列着。一根藤上开十几朵花，像牵牛花一样大，花朵有五个瓣，呈土黄色，上边有红色的斑点。八月结荚，就像豆角的样子。妇女嫌弃它的花太空而且容易掉落，不喜欢插戴。

凌霄

[注释]

[1] 凌霄：落叶藤本植物，附着在其他植物上生长，叶呈椭圆形，边缘有锯齿，夏季开鲜红色花，形状像喇叭。花、茎、叶都可入药。又名紫葳、凌苕。清人汪灏《广群芳谱 · 凌霄花》："春初生枝，一枝数叶，尖长有齿，深青色。开花一枝十余朵，大如牵牛，花头开五瓣，赭（zhě）黄色，有数点。夏中乃盈，深秋更赤。八月结荚如豆角，长三寸许。"

[2] 齿齿：像牙齿一样排列。唐人韩愈《柳州罗池庙碑》："桂树团团兮白石齿齿。"

木香 [1]

灌生，长条多刺。花有数种，紫心白花者为佳，白色者又有大小不等，其红色、黄色远不逮也。紫心者，宜搭高架，万朵齐开，香敷雪积，颇觉怡情。

木香

◎ 译文

木香为灌木植物，枝条很长，上边有很多刺。花有多种，以紫心白花的为好，白花又有大有小，都远胜红色、黄色的。长着紫心的白花，可以搭在一个高架子上，千朵万朵一起开放，香气浓郁，远望白花就像积雪一样，令人心旷神怡。

[注释]

[1] 木香：攀缘状灌木，茎秆有刺，叶片为椭圆形，花为白色，重瓣，气味芳香。清人汪灏《广群芳谱·木香》："木香，灌生，条长有刺，如蔷薇，有三种花，开于四月，惟紫心白花者为最，香馥清远，高架万条，望若香雪，他如黄花、红花、白细朵花、白中朵花、白大朵花皆不及。"

玫瑰

玫瑰 [1]

枝条与木香、蔷薇相似，花比蔷薇、木香较大。花多紫色、白色，其黄色者为最。又有碧色者，未及见。

◎ 译文

玫瑰的枝条和木香、蔷薇相似，花比木香、蔷薇大一些。紫色花、白色花比较多，黄色花是最好的。还有开青绿色花的，但我没有见过。

[注释]

[1] 玫瑰：落叶灌木，茎秆直立，枝上有刺，叶片呈椭圆形，有锯齿，花多为红色、粉色、黄色等，香味浓郁。清人汪灏《广群芳谱·玫瑰》："玫瑰，一名'徘徊花'，灌生，细叶多刺，类蔷薇，茎短，花亦类蔷薇。色淡紫，青橐黄蕊，瓣末白，娇艳芬馥，有香有色，堪入茶、入酒、入蜜。"

蔷薇 [1]

茎青多刺。单瓣者香佳，千叶者色美。赤色者、紫色者、白色、黄色，有深有浅，惟黑色者不易得。余得一本，色若墨水，然亦奇矣。

蔷薇

◎ 译文

蔷薇的茎是青色的，上边有很多刺。单瓣的蔷薇香味浓，重瓣的蔷薇颜色美。有红色的、紫色的、白色的、黄色的，深浅不一，只有黑色的不容易见到。我得到过一株，颜色像墨水，算得上十分奇特的了。

[注释]

[1] 蔷薇：落叶灌木，茎秆细长有刺，花为重瓣，比玫瑰略小，白色或淡红色，有芳香，可供观赏，果实可以入药。清人汪灏《广群芳谱·蔷薇》："草蔓柔靡，依墙援而生，故名。"

丁香[1]

有山丁香，可置盆盎。叶似丁香而小，花团，穗累累。有紫色一盆，白色一盆，相间而开，饶有风味。

◎ **译文**

山丁香可以放在花盆里种养。叶子像丁香但是略小一些，花开成团，花穗累累下垂。有一盆紫色的，一盆白色的，间隔着开放，很有趣味。

丁香

[注释]

[1] 丁香：落叶灌木或小乔木。叶子呈卵圆形，花为紫色或白色，春季开花，有香味，果实略扁。北宋陈敬《陈氏香谱 · 丁香》："树高丈余，凌冬不凋，叶似栎而花圆细，色黄，子如丁，长四五分，紫色……丁香，一名'丁子香'，以其形似丁子也。鸡舌香，丁香之大者，今所谓'丁香母'是也。"

茑萝

缠松 [1]

磁盆小景，蔓绕湖石，或置枯树枝，任其盘旋，亦有佳致。花似丁香而色朱砂，叶亦柔艳。

◎ 译文

缠松是瓷盆里的小景致，它的藤蔓缠绕在太湖石上生长，或者放一些枯树枝，任它缠绕盘旋，也是很好的景观。它的花像丁香，颜色像朱砂，叶子也柔嫩艳丽。

[注释]

[1] 缠松：即茑萝。一年生藤本，缠绕在其他树上攀缘生长，茎秆细长，叶子细长如针，花红色，形如喇叭，有五个花瓣。清人吴其浚《植物名实图考》："茑萝松，蔓生，细叶如松针，开小筒子花，似丁香而瓣长，色殷红可爱，结实如牵牛子而小。"《盛京通志·物产》："茑萝，蔓生，叶如藻花，紫红色。"

洋艾[1]

其本似藤而劲，似木而柔。叶粉绿色，团聚成簇，花似野菊。蓓蕾之际，即时掏去，否则艾死矣。雨过清香，颇觉幽永。

◎ 译文

洋艾的根像藤而更有韧性，像树而更为柔软。叶子呈粉绿色，聚成一团生长，花像野菊。含苞欲放的时候，需要及时掏掉花苞，否则，洋艾就会死去。雨过之后，清香悠长。

[注释]

[1] 洋艾：又名苦艾、苦蒿。多年生草本植物。直立生长，叶子浅绿色，外形与菊叶相似，可以入药。

昌蒲 [1]

沈存中[2]言:“《离骚》所云‘荃荪’,‘荪’即今之昌蒲也。”东坡《石昌蒲赞》①引《本草注》[3]云:“生下湿地、大根者乃是昌阳,不可服。”按《本草》:“昌蒲,久服轻身延年。一名‘昌阳’,即石上昌蒲,紫花者。”《抱朴子》[4]云:“昌蒲,须得石上,一寸九节,紫花尤善。”陶隐居[5]云:“溪侧有名‘溪荪’者,根形气色极似石上昌蒲。”《图经》[6]云:“昌蒲,叶长一二尺,中心有脊,状如剑,无花无实。”此与《抱朴》所云各异。然水中似剑有脊者,昌阳也。一寸九节,紫花者,昌蒲也,皆无香。香乃荪也,荪之与昌蒲有别,明矣。余尝以粉定[7]瓯栽石昌蒲一丛,置几案,朝夕晤对,寒不改色,春不逞娇,真吾之益友也。

[校记]

① 原文无“石”,今补正。

◎ 译文

沈括说:“《离骚》中荃荪的‘荪’,就是今天的菖蒲。”苏东坡《石菖蒲赞》引用《本草注》说:“菖蒲长在低矮潮湿的地方,根大的是昌阳,不能吃。”《本草》记载:“长期食用菖蒲,能够使身体变轻,延年益寿。又名昌阳,也就是石上菖蒲,开紫花的。”《抱朴子》记载:“菖蒲必须长在石头上,一寸长的根茎上有九个节,紫花的最好。”

菖蒲

陶弘景说："溪边有叫'溪荪'的，根的形状和气色都很像石上菖蒲。"《本草图经》则说："菖蒲，叶子长一二尺，中心有脊棱，样子像剑，没有花，没有果实。"这和《抱朴子》说的有所不同。但是，长在水里、外形像剑而且长着脊棱的是昌阳；一寸根茎长着九节并且开紫花的，则是菖蒲。两者都没有香味，有香味的是荪，荪和菖蒲不是一种植物，其实这是很清楚的。我曾经用粉定花盆种了一株石菖蒲，放在几案上，从早到晚看着它，冷天不变色，春天不娇柔，真是我的挚友。

[注释]

[1] 昌蒲：即菖蒲。多年生草本植物，叶形狭长，花为黄绿色，根茎肥大，可入药，多数生于水边池泽中；石菖蒲则长在山涧水石缝隙或流水砾石之中。清人汪灏《广群芳谱·菖蒲》："一名昌阳，一名昌歜，一名尧韭，一名荪，一名水剑草。"

[2] 沈存中：即宋代学者沈括，字存中，钱塘（今杭州）人，曾任翰林学士等职，参与过王安石变法运动，晚年隐居润州（今江苏镇江）梦溪园。其笔记体著作《梦溪笔谈》被视为中国古代科技史最重要的著作之一。

[3] 东坡《石昌蒲赞》引《本草注》：原文见苏轼《石菖蒲赞并叙》："生石碛上，九节者良。生下湿地、大根者乃是昌阳，不可服。"《本草注》，南朝梁人陶弘景著，今已亡佚；《本草》是一部早已失传的古医书，大约产生于汉代。后来的不少医书都用"本草"来命名。

[4]《抱朴子》：道家典籍。东晋葛洪著，分内、外篇，内篇记述神仙、炼丹、符箓之事，外篇包括时政得失、文学批评等方面的内容。

[5] 陶隐居：即南朝文学家陶弘景，字通明，自号华阳隐居，丹阳秣陵（今南京）人。有《本草经注》、《华阳陶隐居集》等著作。

[6]《图经》：即《本草图经》，又名《图经本草》，古代中药学著作。北宋苏颂编纂，共20卷，目录1卷，原书已经亡佚。北宋唐慎微《证类本草》、明人李时珍《本草纲目》等古代医书保留了其中的部分片段。这段文字见于《证类本草·菖蒲》："春生青叶，长一二尺许，其叶中心有脊，状如剑，无花实。"

[7] 粉定：仿照定窑瓷器的制作工艺，掺入石粉烧制而成的瓷器。清人孙承泽《砚山斋杂记·窑器》："彭窑，元时创金匠彭均宝效古定器制……近景德仿者用青田石粉为骨烧造，名为粉定。垩（è）粗骨松，更不佳。"垩，烧制瓷器时所用的土。

图书在版编目（CIP）数据

花木小志 / (清) 谢堃著；化振红，凌琳译注．—武汉：湖北科学技术出版社，2018.10

（中国历代花经丛书）

ISBN 978-7-5706-0437-1

Ⅰ．①花… Ⅱ．①谢… ②化… ③凌… Ⅲ．①花卉－观赏园艺 ②观赏树木－观赏园艺 Ⅳ．①S68

中国版本图书馆 CIP 数据核字 (2018) 第182211号

责任编辑：许 可
封面设计：胡 博
出版发行：湖北科学技术出版社
地　　址：武汉市雄楚大街268号（湖北出版文化城 B 座13~14层）
邮　　编：430070
电　　话：027-87679468
网　　址：http//www.hbstp.com.cn
印　　刷：武汉精一佳印刷有限公司
邮　　编：430034
开　　本：889 X 1220　1/32
印　　张：7.75
版　　次：2018年10月第1版　　2018年10月第1次印刷
字　　数：200 千字
定　　价：68.00 元

（本书如有印装质量问题，可找本社市场部更换）